這本書，就是你最有效的粉刺痘痘藥！
藥效持久，不傷身。

該如何服用？
先花15分鐘迅速瀏覽50個QA，無效觀念斷捨離，
再抽空一一詳讀＋跟著做，你的臉就會好一半！

Pimple~ Pimple~ Go Away!

讓皮膚受傷的兇手
就是你自己？

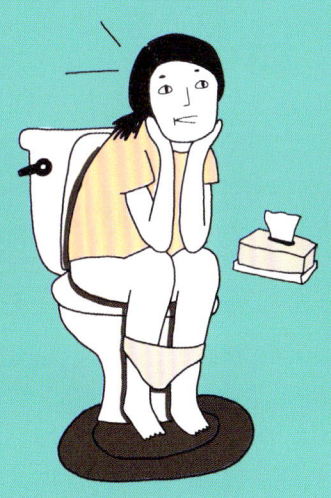

粉刺就是你的臉便祕了
便祕你會用挖的嗎？

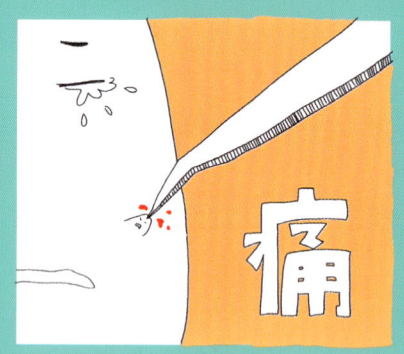

你也喜歡討皮痛？！
做臉針清無法真正改善問題
有時候還會引發細菌感染以及蜂窩性組織炎

洗臉不是在刷地板
洗臉要講求溫和有效
而非強力去除油脂

鐵粉推薦

ELSA的讀者推薦

ELSA 最不一樣的地方，就是她從不會在一開始時，就直接要你用這個、用那個，而是先了解完你的保養方式、生活作息、甚至是飲食習慣後，教你從減法開始，先要求你不要做臉、不要用錯誤的方式跟不 OK 的產品，再重新導正保養概念，自從我遵照 ELSA 的方式後，我的臉再也不會像以前那樣反反覆覆、時好時壞。因為我已經建立了正確的觀念，並清楚知道是什麼錯誤造成我過去的問題，也就不會再重蹈覆轍了！

台灣男生 Bryan 27 歲
在圖書館工作時發現 ELSA 的保養書

ELSA 不只是我的保養老師，更是我的心靈導師！
滿臉痘痘的人在過程中，永遠少不了冷嘲熱諷或是自以為是的關心，而且通常來自親朋好友。可是 ELSA 總是能以過來人的經歷與溫暖的言語，在教導我的同時也一直鼓勵我，我才能有勇氣面對並贏得這場與痘痘對抗的長期抗戰。

香港資深鐵粉 Peggy 33 歲

拜讀過 ELSA 的每一本保養書，更曾在美國的圖書館發現《你的臉為什麼好不了？》，所以當我知道又將快要有一本籌備五年的全新保養書時，實在是非常期待與感動，透過好看的編排與插畫，還有簡單的比喻：粉刺就像你的臉便秘了、便秘當然要讓它大出來而不是用手挖，保證你秒懂，停止傷害你的臉，才會好！

美國鐵粉 Kelly 38 歲

ELSA 的保養書，應該要編入國中教材！要是從長第一顆痘痘開始，就能學到 ELSA 的保養概念，就不會有那麼多人為痘痘所苦了。
國中英文老師 Ivan　29 歲

每年寒暑假我都會帶女兒從美國回來找 ELSA 做保養諮詢，身為家長，很擔心女兒會因為臉的狀況而自卑，還好我們每次回來都能學到正確的洗臉、卸妝、擦防曬、去粉刺的方法。雖然疫情的關係無法短期內再次飛回來，幸好 ELSA 又要出新書了，讓我們遠在他鄉的人也可以吸收到最適合我們的保養資訊，真是太開心了！相信很多人都會因為這本書而受惠，跟我們一樣獲得很棒的改善。
美國 Angela 45 歲

我常跟 ELSA 說：「要是我能早點認識妳，我就不用吃這麼多苦了」ELSA 笑回：「大家都這麼說，但要是我大學就懂這些，就不會臉爛掉、也沒機會變專家了呀！」說得也是！
台灣女孩 Irene 23 歲

我從國中二年級就開始注意 ELSA，也幸好因為她的觀念傳遞，我從來不做臉！也從來沒有擠過痘痘，所以到現在已經大學三年級了，我同學都說：妳怎麼沒有毛孔啊？那是因為我從來沒有破壞過呀！（驕傲）
台灣音樂系女生　依芸 20 歲

『我拜託你！』
為什麼折騰十年以上的痘痘人，來到 ELSA 面前不出一個月就好多了？
因為 ELSA 會一直說「我拜託你……」
「我拜託你，每天中午多洗一次臉」
「我拜託你，不要再針清了！」
「我拜託你，早餐別再靠麵包裹腹了」
光是一個改變，就會開始發現不一樣了！
馬來西亞鐵粉 Hong 29 歲

7

鐵粉推薦

從被說臉紅得像猴子屁股，到實現當上彩妝師的夢想！

　　遇見ELSA是2013年的事，那一年我剛結婚，老公鼓勵我完成自己的夢想，當一個化妝師。當時我全臉都是粉刺痘痘，皮膚又紅又癢，臉也瘋狂的出油。「誰會相信一個連自己的皮膚都照顧不好的化妝師？」我這樣自卑的問著自己。

　　我從青春期開始就和粉刺痘痘對抗。原本只是臉頰上小小的粉刺，在不正確的保養方法下，皮膚變得越來越糟，每天都臉紅紅的。中學時甚至還被嘲笑說是猴子的屁股！家人因為擔心，帶我去美容院做臉，每次都是哭著完成，因為過程非常痛。缺乏保養知識的我，只要是美容師說的話我都相信。做臉時的皮肉之苦我也相信是為了讓皮膚好起來的必經之路。但是，我錯了！每一次做臉後，我的臉又紅又腫，要2-3天的時間才會消腫，皮膚非但沒有好起來，還發炎的比之前更嚴重了。因為皮膚狀況太嚴重，只好求助皮膚專科醫生。醫生開了A酸，吃了之後雖然臉不再出油，皮膚比較好了，但整個人都乾到不行，連鼻孔裡也乾到有血塊。2年後，為了健康，我決定停藥。就在停藥後的2-3月個以後，我的皮膚又開始出油了，出現了很多粉刺和痘痘。

偶然在新加坡書局裡看到了ELSA寫的保養書《你的臉為什麼好不了？》，書裡寫了有關粉刺痘痘的形成，如何正確保養，也教會了我必須要有良好的生活和衛生習慣才能讓皮膚好起來。我在書裡發現了很多重點，原來我的保養方法都錯了！一邊讀一邊恍然大悟。閱讀後馬上找ELSA線上諮詢。ELSA耐心地回答我的問題並指導我該怎麼做，配合保養品的使用，中間我經歷了可怕的爆痘期，感謝ELSA這期間給予的鼓勵與支持，讓我勇敢走下去。幾個月後，我終於感受到沒有顆粒感的皮膚，和之前的狀況對比，內心感到很震撼！

　　在皮膚狀況穩定了之後，我上了彩妝課程並成為了一個自信的化妝師。是ELSA幫助我完成了夢想。**拿起ELSA保養書的那天，改變了我的想法，也改變了我的人生。我好了，相信你也會。**

新加坡彩妝師 碧芬

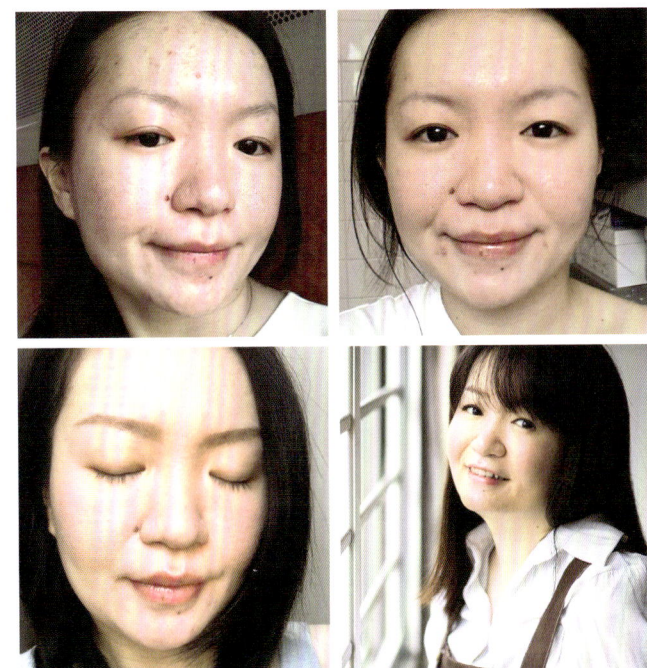

作者序

Why?
你的臉為什麼好不了？

　　下午，跟史上最有良心、連日本人都來請益的保養品研發專家（ELSA的舅舅），把這本書無比慎重地再重審一遍又一遍。為了能使讀者們的肌膚真正邁向好轉，某些行銷上看來很炫但實則效果有限又有風險疑慮的品項，像是去角質搓屑凝膠，或是多年前流行過但近年又再度被炒作的溫感卸妝膠，我考慮再三，仍決定寫下不建議使用的真言，因為我也是一直深受他的觀念影響：「**保養要安全與有效並重。**」只有效果沒了安全，**臉會受損，有了安全沒了效果，何必花錢？**

　　為什麼我的臉好了？因為我自從臉爛掉之後，我聽從的是別人接觸不到的領域：保養品研發的秘密。所以我的臉好了！我把這些隱藏版資訊跟前來諮詢的人們交流，這雖然很花時間跟力氣，但他們也終於能擺脫被粉刺痘痘糾纏的人生。他們在還是滿臉痘痘時就答應好轉後一定會站出來大方分享，真的很謝謝他們的勇敢。

　　人生值得在意的事還有很多，但我們卻為了一張「想恢復成一般正常的臉」苦惱、忍受著來自四面八方的壓力，你或許早在心裡吶喊「我也不想一直長痘痘啊！」那請務必不要小看我書上寫的每一件最重要的小事。

　　在書上你會看到很多新的觀念，這些都是真正在研發製作護膚品的人才知道的秘密，而買書看書不就是要知道你以前不知道的事實嗎？若只是copy & paste，就算看一百本書，臉都不會好的。走對方向、捨棄似是而非的觀念、不討皮痛，你會跟書中的案例一樣真正好轉的！

粉刺達人 · ELSA

ELSA 也曾是個自卑的痘痘人，所有你想得到的方法她都試過了！那她後來怎麼好的？不是擦藥吃藥、更不是做臉醫美，而是「學著用正確的方式洗臉、保養」！幸運的她有位連日本專家都推崇的保養品研發專家 - ELSA 的舅舅，他揭露了不為人知的保養品秘密，什麼可以用？什麼最好不要碰？經過一年的時間，ELSA 的成人痘全數消失，跟著舅舅深入學習，創立了 ElsaGusa，也在經歷了十八年的親力親為中，拯救了無數為痘痘粉刺或狀況肌煎熬的人，ELSA 寫的保養書 -《粉刺痘痘大揭秘 - 你的臉為什麼好不了？》更震撼了萬名身在台灣以外地區的痘痘人，紛紛透過網路來詢問，甚至一有空就飛來台灣找 ELSA。

他們說：「真羨慕台灣有這樣真心為我們好的專家，陪我們好轉。」

導讀

Who?
誰該看這本書？

如果你一直長痘痘、或是你剛開始長痘痘，這本書就是為你而寫的！

不熟悉ELSA的讀者可能會有疑問，ELSA是什麼身分呢？從什麼角度寫這本書？為什麼要相信她的保養概念而不是單純的只有擦醫生開的藥呢？

首先必須先強調的是，ELSA在這本書中所介紹的概念，跟皮膚科醫師對皮膚的診斷，是互補而非相斥的。因為醫生所擅長的是對肌膚問題的診斷與治療，而ELSA擅長的則是**利用適當成分的保養品，幫助穩定治療過程以及療程結束後的保養維持，ELSA在保養成分、保養方式、以及產品搭配上有多年的經驗，並與多位皮膚科醫師搭配過，可以給患者最準確的保養建議。**

舉個例子來說，有痘痘困擾的人去看皮膚科時，醫生一般都會開藥給患者擦，但痘痘藥通常會造成肌膚過乾，所以醫生也會提醒患者要注重保濕，並注意不能用太刺激的產品。但醫師通常不會有自己所研發的保養品可以提供給患者，推薦別人家的品牌的話，也不見得對該品牌真正了解，且為了避嫌，許多醫師都不會直接推薦特定品牌，那麼這時就是ELSA能幫得上忙的時候了。

#長第一顆痘痘的青春少年
#反覆長粉刺痘痘的成年人
#東買西買,卻用不出所以然的人
#除了痘痘,還不時敏感發燙的泛紅肌
#家有青春期子女的爸媽
#做臉做到厭世的你

　　ELSA真正幫助過最多的,除了痘痘粉刺肌問題以外,就是敏感肌膚了,這其中又以酒糟性皮膚炎以及脂漏性皮膚炎的患者,能在ELSA這裡得到最多的幫助。

　　此外,ELSA對醫美術後的恢復與保養,也有多年的經驗,有ELSA這樣一位保養導師提供諮詢建議,並搭配皮膚科醫師,會讓有肌膚問題的人都更有安心感。

　　ELSA前幾本書的讀者中,很多都是因為學會了正確的保養概念,才讓問題肌膚獲得快速的改善。但正確的概念非一朝一夕可以學會,讀者們多是透過與ELSA的密切諮詢,聽從ELSA的建議,才獲得如此令人振奮的成果。此次,ELSA將這些與醫師搭配的經驗與過程,更濃縮、更直接的呈現在本書中,希望能以此幫助更多有肌膚問題的人,更快恢復美美的肌膚。

　　看完之後你會大呼:「原來這麼多事情都跟粉刺痘痘有關!難怪我的臉好不了!」

CONTENTS

ELSA 的讀者推薦 ... 006

作者序 / Why？你的臉為什麼好不了？ ... 010

導讀 / Who？誰該看這本書？ ... 012

Chapter 1 你的臉為什麼好不了？因為你一直破壞太多 ... 018

案 馬來西亞 Natalie / 依照 ELSA 的保養方法，自己救自己 ... 025

案 台灣女生 EMMA / 吃藥吃到快變生化人，做臉醫美反而更嚴重 ... 027

選對路，直通好轉，選錯路，鬼打牆好不了 ... 030

NG 保養 - 斷捨離，把時間花在有用的地方 ... 032

Chapter 2 粉刺到底是什麼？其實，它就像是你的臉便秘了！ ... 036

Q1 粉刺長在哪裡，代表不同的可能性嗎？ ... 038

Q2 粉刺是什麼東西變成的？ ... 040

Q3 我臉上的到底是粉刺？還是痘痘？ ... 042

Q4 黑頭粉刺？白頭粉刺？ ... 042

Q5 粉刺一定是油性肌膚才獨有的嗎？ ... 045

Q6 長大痘痘自然就會好？ ... 045

忍住不擠，開始進行正確保養，可能會經歷的過程 ... 046

Chapter 3 長第一顆痘痘就該知道的事：不做臉，那要做什麼？ ... 048

Q7 不做臉，那要做什麼才能順利擺脫粉刺痘痘肌？ ... 050

掃除痘痘粉刺第一要務 - 先對付油，粉刺才能減少 ... 052

Q8 你知道臉上的油從哪裡來的嗎？ ... 053

Q9 為什麼我的臉一直出油？ ... 054

外來的、附加在皮膚上的油分 - 外在殘留的油要徹底掃除 ... 056

Q10	不即時處理過多的皮脂會有什麼下場？	057
Q11	到底怎麼對付臉上的油呢？	058
案	**台北 文佳** / 卸不乾淨或洗過頭，都是問題！	061

洗錯臉，痘痘會越來越紅腫 ... 068

Q12	什麼是皮脂膜？	069
Q13	怕破壞皮脂膜，所以不用洗面乳，直接用清水洗臉最好？	070
Q14	一天要洗幾次臉？	072
Q15	洗面乳隨便選一支就可以了吧？	074
Q16	洗完臉一定要用化妝水再次擦拭一次，才算真的乾淨嗎？	075
Q17	洗面乳要選擇無泡泡的還是多泡泡的？	075
Q18	有磨砂顆粒的深層清潔洗面乳、For Men 的男士專用款、標榜抗痘的洗面乳，對痘痘比較有效？	076
Q19	手工香皂最天然、最好？	077
案	**文山** / 毛巾洗臉法＋洗卸兩用，搓出破損泛紅、發炎冒痘、提早老化的敏感肌	078
Q20	用洗臉機洗臉好嗎？	079

正確洗臉 6 大步驟：怎麼洗臉才正確？有哪些可以？有哪些不可以？ 080

6 大重點，全面顛覆你對卸妝的想像 - 粉刺痘痘，卸卸不聯絡 092

Q21	沒上妝也該卸妝才能真正乾淨？	093
Q22	白色或透明的防曬產品 / 素顏霜，需要卸妝嗎？	094
Q23	洗卸合一好方便？	095
Q24	用卸妝巾很方便也很乾淨吧？	097
Q25	我怕油，用無油卸妝水最適合了吧？	098

CONTENTS

Q26 卸妝乳是乳狀的，應該是最溫和的吧？	100
Q27 我只是淡妝，用卸妝油會「太強」嗎？	101
Q28 坊間為何會有「卸妝油容易致痘」的江湖傳聞呢？	104
Q29 聽說油性皮膚不能用卸妝油？或是淡妝不需要用到卸妝油？	107
Q30 植物油最好嗎？	108
卸妝品的比較	109
案 香港女生 Erica / 快節奏生活壓力 + 保養不當，讓我臉上痘痘大爆發	112
正確卸妝 10 大步驟	116
案 台中 Peggy / 人人懼怕的卸妝油拯救了我	127
粉刺痘痘人都該有的好習慣，最重要的小事 - 日常吸油	128
Q31 聽說吸油面紙會越吸越油？	130
Q32 該如何正確使用吸油面紙？	131
案 吳冰 / 辛苦的護理人員，厚妝 + 口罩 + 汗水形成了痘菌的溫床	132
日常保養，快把控油加進去吧！不只吸油，還要長效控油	134
控油保養小技巧	137
Q33 天天上妝，要如何預防粉刺痘痘失控蔓延？	140
Q34 如果我偶爾需要使用粉底怎麼辦？	143
Q35 隔離霜跟粉底有什麼不同？	144
正確上妝（防曬）的 9 大步驟	151

Chapter 4 老廢角質卡關，粉刺出不來：角質代謝與更新 166

Q36 引起角質剝落異常的原因？	169

Q37	用搓屑凝膠去角質好嗎？	170
Q38	受傷的肌膚，怎麼去角質比較溫和安全？	170
案	新加坡 Weng Ling / 皮膚天生薄透，酸類一點都碰不得，改以角質修護為主	172
案	台北 Yummy / 青春期，長第一顆痘痘就該學的正確保養觀	175

你的角質層是 3 隻小豬的茅草屋還是磚屋？ 176

| Q39 | 角質受傷，會引發什麼肌膚問題？ | 178 |
| Q40 | 究竟，要怎麼保護我們的角質層（牆壁）呢？ | 180 |

Chapter 5 痘痘狀況不再反覆發生：保養新觀念，菌種平衡 182

Q41	抗痘時期只可以擦藥，保養品都不可以用？	186
Q42	保養品的配方上，有哪些成分可以幫得上忙呢？	187
Q43	肌膚因為使用痘痘藥物而乾燥泛紅怎麼辦？	189
Q44	這麼多步驟，皮膚會不會受不了？	191
案	台北 陳宜旻 / 打針、吃藥、擦藥無限輪迴痛苦的過程	192

一熱臉就紅，一紅就起疹子或膿皰 - 最難搞的酒糟肌膚可能找上你了 194

| Q45 | 為什麼我的臉動不動就發紅呢？ | 195 |
| Q46 | 酒糟肌膚如何即時降溫？ | 197 |

會改善不會斷根，保養可以幫助越來越穩定 - 脂漏性肌膚 200

Q47	什麼是脂漏性皮膚炎呢？	201
Q48	脂漏性皮膚炎如何保養呢？	202
Q49	如何對抗「口罩痘」？	205
Q50	有肌膚困擾的你還可以怎麼做？	206

Chapter 1

#做臉不能真正滅絕粉刺
#因為粉刺每分每秒都在產生
#工具容易傷害毛孔
#器具若不乾淨，更容易引起發炎
#效率不佳

你的臉為什麼好不了？

因為你一直
破壞得太多

| 你的臉為什麼好不了？
| 因為你一直破壞得太多！

國中的我，是名符其實的囧妹。

臉上的痘痘數一數大概超過20顆，還有滿臉紅色痘疤，草莓鼻更是嚴重得令人不忍直視。

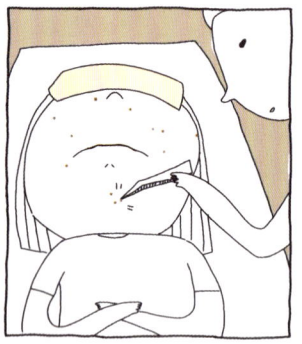

媽媽曾經帶我去做臉，每次都痛得飆淚，覺得眼睛上蓋的那塊遮光的布，根本就是用來擦淚的。

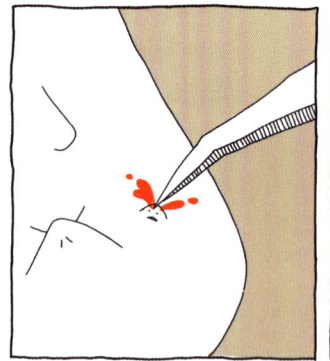
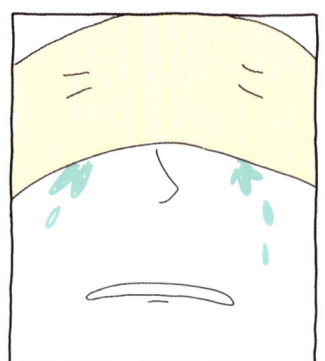

就這樣過著臉上噴血(被擠痘痘)、眼睛噴淚(太痛了)、媽媽噴錢的日子。

因為臉上痘痘超多,心情低落,不想跟同學打交道,每天都活在地獄中,看著別的同學有說有笑。
我該怎麼好起來?

你的臉為什麼好不了？
因為你一直破壞得太多！

上大學打工賺了錢，為了遮蓋痘痘，學別人化起妝來。

後來我把化妝技術練得非常高超，別人遠看根本不知道我是大花臉。

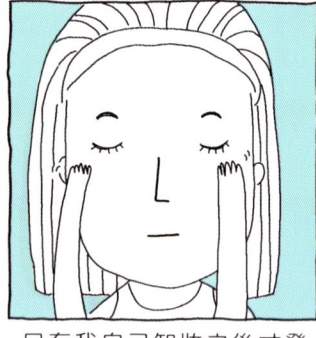

只有我自己卸妝之後才發現……

啊！我臉上的顆粒超級多！

為了遮蓋，粉塗得越來越厚，到了中午就全部斑白、溶得亂七八糟。

更可怕的是，當初的我以為BB CREAM、防曬不算化妝，所以不用卸妝。誰知道就是這樣害慘了我！

你的臉為什麼好不了？
因為你一直破壞得太多！

於是我開始上網研究該怎麼消除痘痘，買了很多保養品。

試過擦藥、吃藥。

繼續忍痛做臉。

各種奇怪的療法我都嘗試了。

每天走在路上都被推銷美容產品。

滿桌子都是網路上部落客說好用的、電視上說神奇的保養品。

臉卻越來越花，連搭公車都被司機問：

妳的臉怎麼這樣啊？

要你管！

我到底為什麼會長粉刺、痘痘？
它們到底是怎麼來的？

馬來西亞的 Natalie

從事醫療相關業務，臉上狀況經常被醫生們關切，被宣判賀爾蒙轉變前都得吃痘痘藥。

依照ELSA的保養方法，自己救自己，

連皮膚科醫生都好奇「妳如何好轉的？」

ELSA：

我從中學到現在工作都被痘痘困擾著。

2013年我開始看西醫吃抗生素，只要停藥痘痘就會再復發，醫生不斷增加劑量，就這樣依賴抗生素四年多了！醫生說我的情況到賀爾蒙轉變之前都需要服藥。2018年尾，我決定不要再靠藥物了，停藥後的兩三個月內，內包粉刺不斷冒出來，佈滿整個臉。同事介紹我去做臉針清，美容師讓我暫時服用A酸，同時一個禮拜2次的針清，想不到所有的粉刺變成滿臉發炎的大痘痘，一個月過去之後，不但沒有改善反而加劇了。因為無法忍受那種痛，決定嘗試醫美，結果卻是需要打針的，針插入正發炎的痘痘裡，我真的不知如何形容那種痛！因為工作的關係，我的顧客都是醫生，經常得到他們過多的「關心」，那時我真的很徬徨無助。

某天，我去逛書展，偶然看到一本書的標題：「你的臉為什麼好不了？」翻了幾頁就決定買下它治療我創傷滿滿的心靈。讀著正確的保養觀念，我忽然重新燃起了希望，**開始依照ELSA的方法，自己救自己**！雖然到現在還沒有100%康復也好了80%，

發炎的痘痘減少了許多，我的醫生顧客（皮膚科醫生）還問我用了什麼產品，居然好轉這麼多！我感覺我的臉越來越穩定且進步，這是多年來我不曾體會過的喜悅，希望等我再修復得更好一些的時候，可以把我的經歷以及挽救我皮膚的正確保養法，分享給身邊需要的人們。

馬來西亞讀者 Natalie

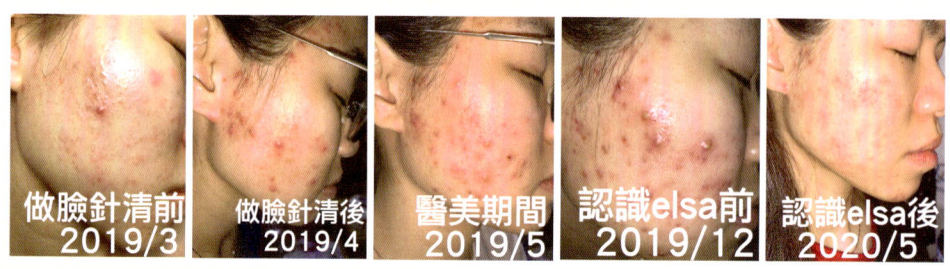

被說不吃藥就不會好

　　照片中從左到右，直到2019年12月認識ELSA前，Natalie做了各種努力，卻越來越紅腫！好轉關鍵就在2019年12月看見了ELSA出版的《你的臉為什麼好不了？》這本書後，她決定**停止做臉與醫美，回歸正確的保養，沒有服用任何痘痘藥，僅僅五個月，從紅腫爛痘到平撫，讓她重新燃起希望**。Natalie一次都沒有來過台灣做保養諮詢，只透過認真看書、Email往返討論、重新調整保養步驟並拍照做記錄。如果你的臉還好不了，是否該考慮回歸正確的保護跟保養，而不是只靠藥物掩護或是亂擠變得更慘呢？她成功的擺脫了痘痘藥，也跳出了那位醫生說的不吃藥就不會好的絕望深淵。

　　相信Natalie的經歷，也是許多正在翻閱本書的人的經歷。**吃藥，做臉，醫美都不能完全的停止復發**，而我們想要的不就是「停止反覆長痘」嗎？投入保養品跟肌膚好轉研究將近二十年，我手邊輔導好轉的例子真的太多，如今我還是必須要大膽寫下這本語重心長的書，勇敢告訴你：

不做臉，才是好轉的開始。

案例

台灣女生 EMMA

治好了滿臉痘痘，在自己的婚禮上成為了自信滿滿的美麗新娘。

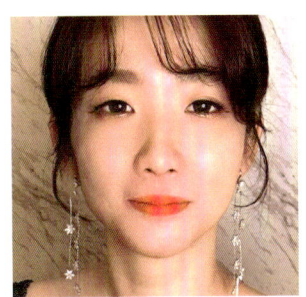

消遣自己為了好轉，

吃藥吃到快變生化人
做臉、醫美反而更嚴重

　　EMMA是住在台北的女生，針清讓全臉都爆發感染，她曾經嘗試了很多方法都不見成效，包括吃藥、擦藥、做臉、飛梭、飛針、中醫、初乳……數不盡啊！對剛出社會的她真的花費驚人。EMMA說當時跟男朋友分手，感到沒有自信決定去做臉，希望可以改善皮膚問題，原本臉上只有幾顆痘痘，想不到針清之後反而痘痘開始往全臉爆發，常常冒出巨型的痘痘，連眼皮、眉毛上都長。於是她接著去皮膚科求救……

EMMA說：「也許因為狀況太嚇人，在皮膚科遭到嫌棄，接著推銷我做醫美，即使滿臉腫痘，照樣幫我做了幾次飛梭，我深深覺得，這是把我的臉推向更嚴重更爛的關鍵。」「這些年來，吃了很多西藥、中藥，覺得自己都快變生化人了，但還是沒有辦法真的好轉……」

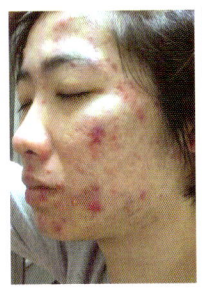 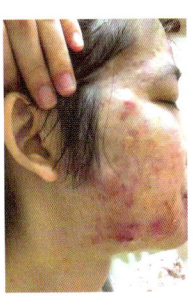

也許有人做醫美或吃藥有效果,但剛好這一切都對EMMA來說都沒有幫助。後來的故事相信大家都猜到了,因為恰巧看了ELSA的保養書《粉刺痘痘大揭密-你的臉為什麼好不了?》決定鼓起勇氣來做諮詢。

保養、飲食調整雙管齊下

我跟EMMA一起檢視了她的保養方法,從卸妝＞洗臉＞調理＞保濕＞控油＞防曬,都必須注意,同時提醒她關於早餐飲食上的選擇,**從每天早上吃饅頭、豆漿、麵包,到後來修正為蛋白質跟蔬菜為主,也成功的戒除含糖飲料**,終於老是下巴痘發的問題在一個多月內就改善不少,並且開始有了運動的習慣,連睡眠品質都變好,便秘問題也獲得改善。這期間,她也不吃藥擦藥,不再做臉,不靠醫美。原本要介紹她去做臉中心的鄰居媽媽,看到她驚人的轉變,都問她:「妳是怎麼好的?」

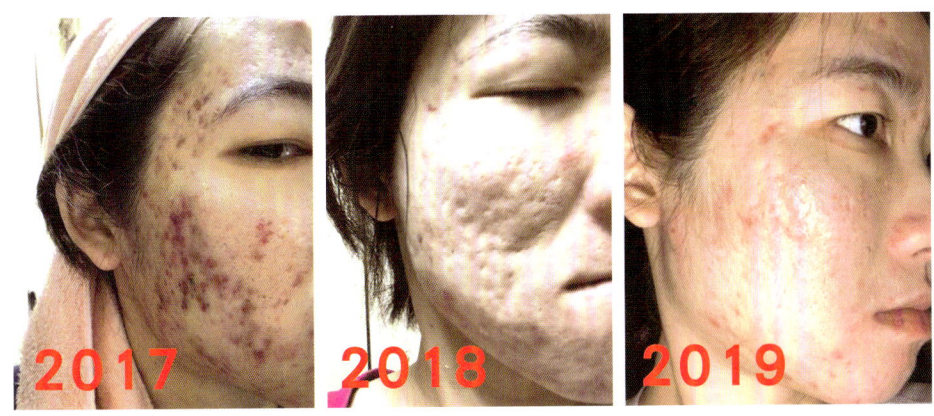

她最讓我吃驚的不只是痘痘,還包括了凹陷痘疤都填補了不少!
2018年好多了但是凹洞還是很明顯,2019凹洞補了很多回來,見到本人真的覺得好轉的幅度太驚人了。

選對就是直通好轉，選錯就是鬼打牆 / 想求快，反而繞遠路
 路線或是 路線，你選哪一條路走呢？

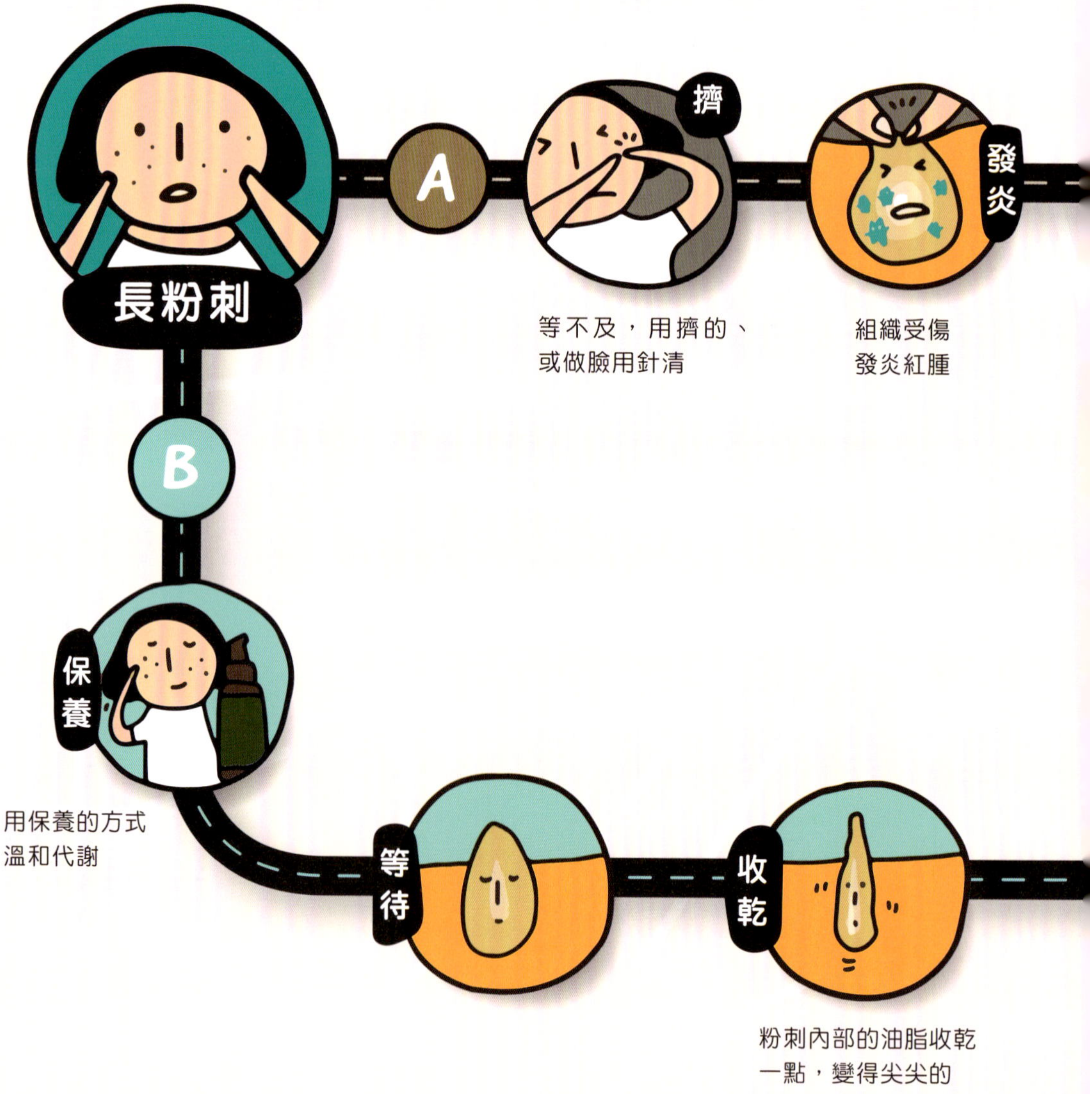

長粉刺

A → 等不及，用擠的、或做臉用針清 → **擠** → 組織受傷 發炎紅腫 → **發炎**

B → 用保養的方式 溫和代謝 → **保養** → **等待** → 粉刺內部的油脂收乾一點，變得尖尖的 → **收乾**

有更多的粉刺待擠

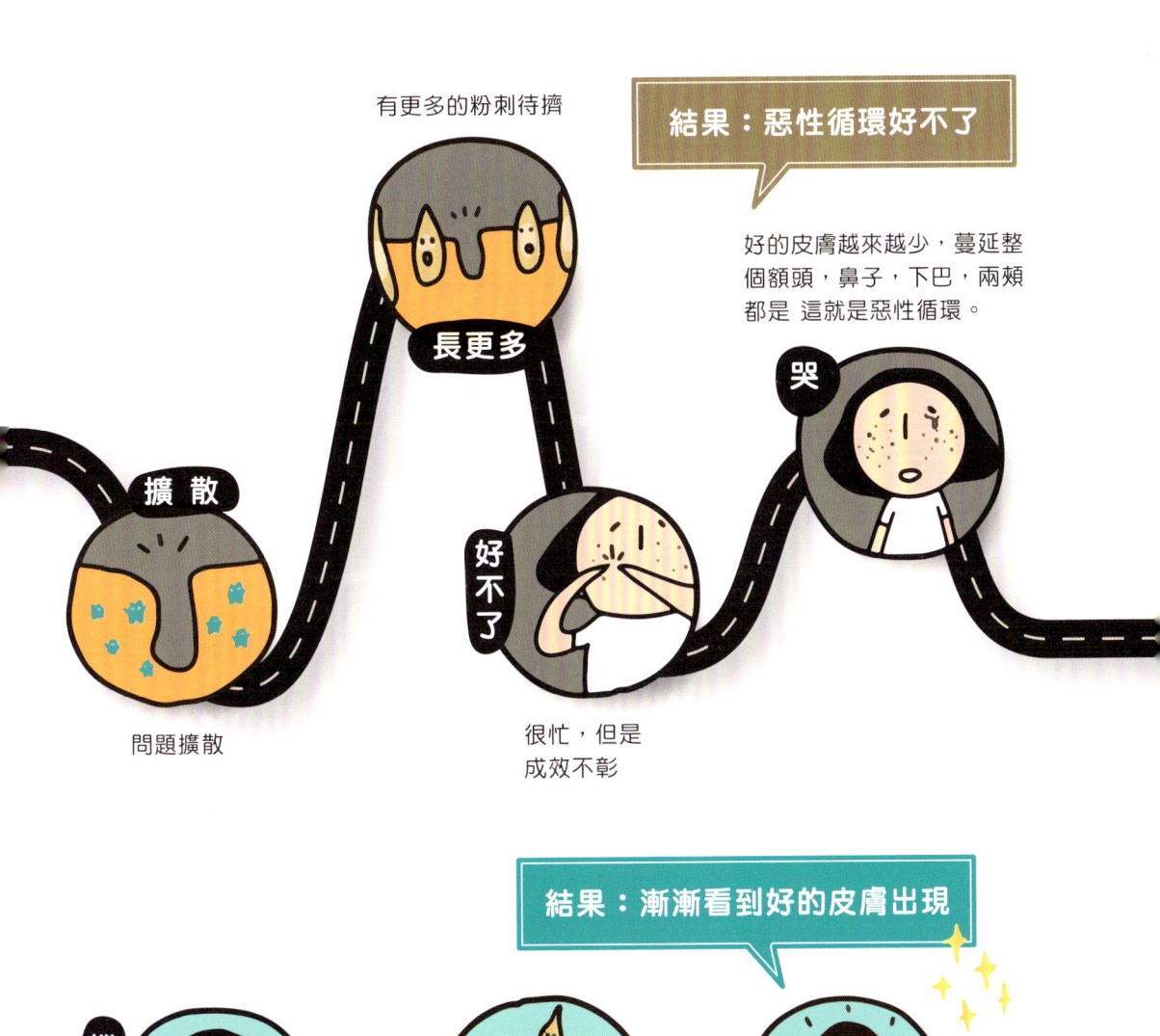

結果：惡性循環好不了

好的皮膚越來越少，蔓延整個額頭，鼻子，下巴，兩頰都是 這就是惡性循環。

長更多

擴散

哭

好不了

問題擴散

很忙，但是成效不彰

結果：漸漸看到好的皮膚出現

繼續保養

自動掉落

好轉

完全沒有去挖取你的毛孔

繼續保養，一陣時間後，粉刺自動掉落

因為沒有破壞，所以細菌跟粉刺都不會繼續擴散，漸漸會看見好的皮膚，粉刺的範圍越來越小。

NG 保養
斷捨離
把時間花在有用的地方

NG 洗臉機 可以洗掉痘痘？

錯！紅腫傷口、敏感時期是不該一直磨損的。否則可能會更容易脫皮、感染。

NG 卸妝乳 紅腫痘就要用卸妝乳？

錯！卸妝乳的刺激值其實蠻高的。不建議使用！

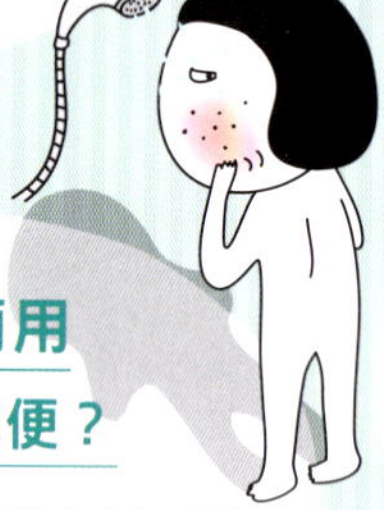

NG 洗卸兩用 省時又方便？

錯！卸妝洗臉分開處理，否則兩樣都做不好還傷肌膚。

NG 臉不乾淨就要用搓屑去角質才乾淨？

錯！屑屑並非老廢角質，那只是魔術效果，越搓越傷皮膚。

濕布面膜
便宜的天天敷也不心疼？

錯！腫痘敏感肌膚不可以在這時候敷濕布面膜，可以改泥狀或是凍狀面膜。

不洗臉、
不洗頭就睡覺？

錯！髮雕或是油膩的髮油會沾染枕頭，所以除了每天都要洗頭之外，枕巾一定要常換。

綠豆粉磨臉
臉上凸凸刺刺都能磨平？

錯！這樣只會更傷害肌膚，有紅腫傷口的時候，不可以去角質。

化妝水噴不停
一直噴就能保濕？

錯！一直噴只會讓臉上水分蒸發更快，臉更乾燥甚致脫皮。

洗臉皂
強力去油才不會冒痘？

錯！皂的去污力對已經脫皮、乾燥、冒痘的人實在太強了。肥皂不能用在這個時期。

擠掉、摳掉
粉刺痘痘不清出來不行？

錯！用工具挖才會傷皮膚，害你痘痘永遠冒不停。

33

又擠又挖，是哪門子的護膚呢？
根本就是搞破壞啊！

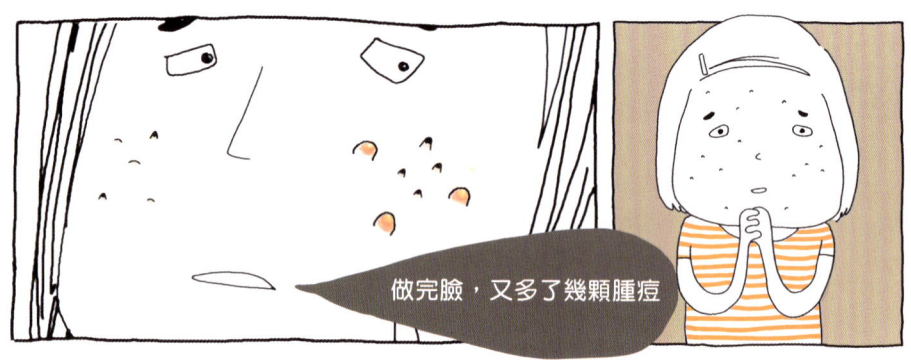

拜託別停留在幾十年前的老派作法了。你會想去做臉，通常是因為你長粉刺痘痘但卻不知道該怎麼辦，但偏偏，這時候更不應該做臉，因為一走進去躺下來，美容師會做的就是拿針挑、用手暴力擠爆你的痘痘。

已經太多案例顯示，這樣會讓細菌感染更嚴重，有不少人還引發蜂窩性組織炎，得服用抗生素才能消退。你的臉也佈滿密密麻麻的粉刺嗎？你的腫痘擠完之後，好像消了一點但是過沒幾天又長出新的？這樣絕對是非常不理想的處理方法，一定要先停止，才能真正邁向好轉。

Chapter 2

　　粉刺是髒空氣造成的？其實很多人誤會粉刺是從外面掉進去的髒東西，所以會以為只要把它「夾出來」就好了！這是大錯特錯的想法，粉刺其實是我們自己肌膚內漸漸生成的物質，夾掉一顆，明天還可能會生出新的，況且還有所謂的內包型態的粉刺，更是無法輕易的靠外力的手段直接夾掉。要真正減輕粉刺堆積，得先清楚知道粉刺的形成原因，雖然是老掉牙的知識，但會一直長個不停，代表我們從來沒有真正聽懂或是看懂，否則根本就不會想再用最沒有效率的方法處理它了！

　　粉刺是什麼？讓我們發揮想像力，用最淺顯易懂的比喻來記住它吧。

粉刺到底是什麼？

其實，它就像是
你的臉便秘了

臉怎麼會便秘？

Q1
粉刺長在哪裡，代表不同的可能性嗎？

粉刺長在不同的部位，可能代表著不同的習慣。

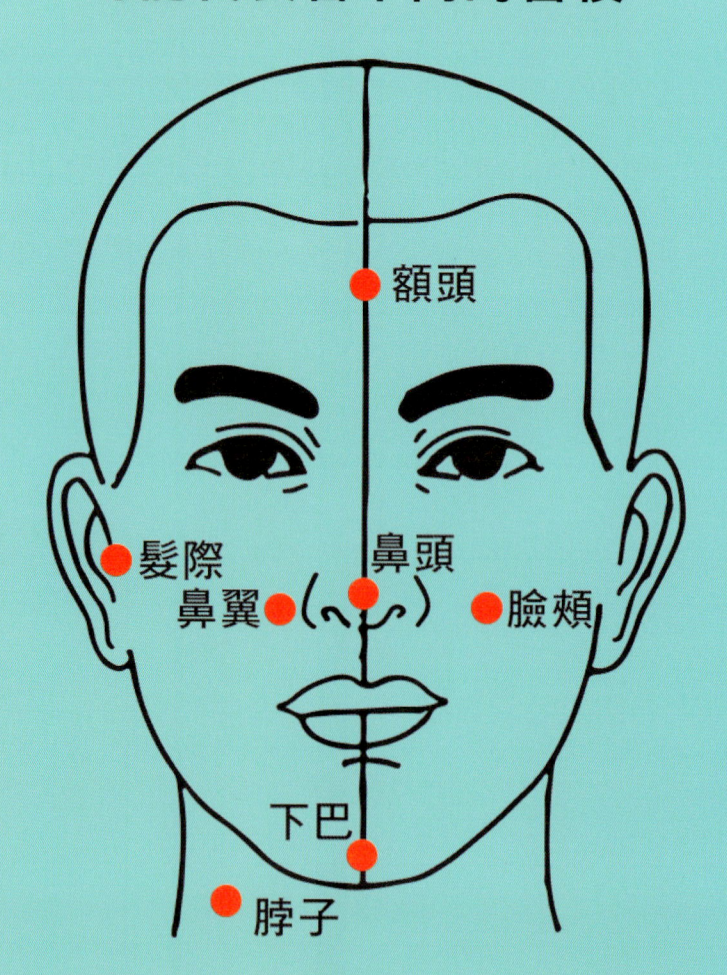

- 額頭
- 髮際
- 鼻翼
- 鼻頭
- 臉頰
- 下巴
- 脖子

這些我都有……

額頭、髮際
ㄇ字型的粉刺，閉鎖粉刺居多

瀏海遮住
安全帽太髒
頭髮太油膩
使用含矽靈的洗髮精

兩頰
閉鎖粉刺居多
容易發炎紅腫變成痘痘

用擦拭法卸妝使肌膚受損
酒糟發紅發燙、卸妝不完全
過度清潔引發乾燥缺水
做臉針清過度使肌膚受損

下巴、包含脖子
U字型粉刺，開放式粉刺居多

口罩戴太久、內分泌失調
高溫高油環境
汗水沒擦乾

草莓鼻
黑頭粉刺居多

皮脂腺分泌旺盛
控油不佳
沒有定期去除老廢角質

> 粉刺研究所
> 粉刺到底是什麼？

Q2
粉刺是什麼東西變成的？

油脂＋老廢角質＋細菌變成的。

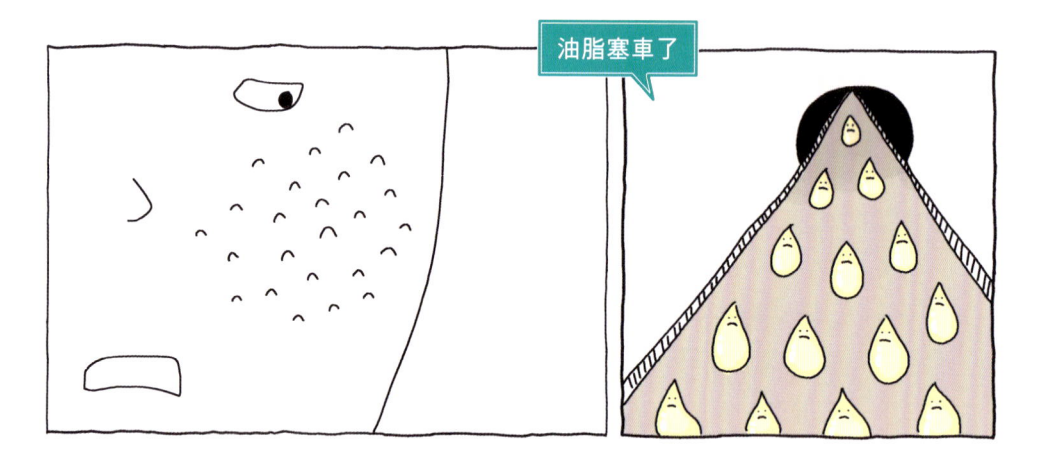

油脂塞車了

怎麼擠都擠不完

　　粉刺的成因很多，最關鍵的發生原因就是：**油脂塞車了，加上表層的老廢角質代謝不良增厚之後塞住毛孔通道**。這就像是一個屋子裡面照理說應該要每天倒垃圾，但是卻因為懶惰而不照常清理，最後就是一堆垃圾塞在你的家門口一樣，不但會讓家庭成員進出不便，也會讓家裡整個環境都變髒亂，招來更多細菌，當每一包垃圾都發臭，你整個屋子都跟著發臭，這就像極了粉刺塞車之後的肌膚狀態！也因此光是靠擠，根本擠不完，後面照樣還是有東西排隊著，等你全部擠完，你的皮膚已經傷痕累累，然後新的馬上又產生了。

粉刺研究所 | 粉刺到底是什麼？

你可以想像它就像是皮膚暫時「便祕了」！

便祕不能亂挖對吧？
會受傷的！

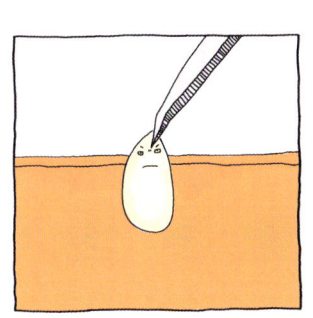

別挖啊!!!

每次使用這個比喻，就馬上有人尷尬笑說：「秒懂！」終於明白，便祕是不會亂擠亂挖的，否則你的「器官」會受傷，問題還是沒有解決，同樣的道理，粉刺是從肌膚的內部生出來的，如果硬要用器具挖取，勢必**會破壞毛孔周遭組織，讓真皮層也受到傷害（膠原蛋白斷裂）**形成回不去的凹疤，擠壓的動作也會使粉刺裡的細菌擴散，擠一顆長三顆，很不划算！

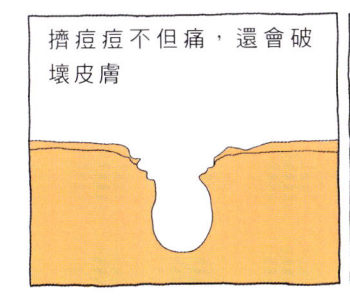

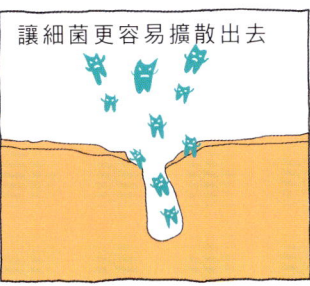

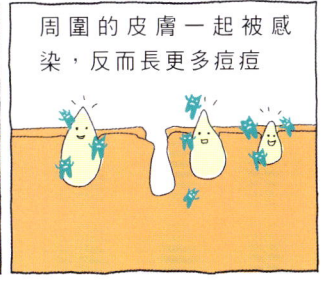

擠痘痘不但痛，還會破壞皮膚

讓細菌更容易擴散出去

周圍的皮膚一起被感染，反而長更多痘痘

粉刺研究所
粉刺到底是什麼？

Q3

我臉上的到底是粉刺？還是痘痘？

粉刺，就是還未發炎的痘痘。

同一個區域（如額頭、臉頰），可能同時存在著粉刺及痘痘。通常看起來或摸起來凸凸的就是粉刺，但是有些閉鎖粉刺，俗稱「白頭粉刺」，在初期可能看不太出來，如果一刷上白色的泥狀面膜，馬上就顯露無遺，這也是為什麼每次諮詢我都會幫大家重新刷上面膜來檢視。而紅腫、摸了會痛、甚至有膿包或潰爛，那就已經轉變為痘痘了。如果你真的無法判斷，建議找皮膚科醫生幫你診斷。

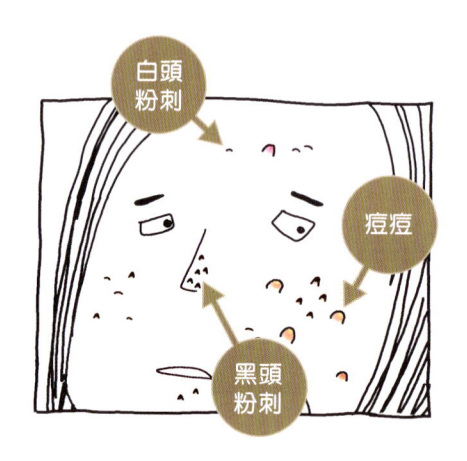

白頭粉刺

痘痘

黑頭粉刺

Q4

黑頭粉刺？白頭粉刺？

黑頭是粉刺表面氧化後變色形成的，
白頭是摸得到但擠不出也拔不出的小突起。

所有的粉刺都是油脂形成的，油脂原本是透明的略帶點黃色，從毛孔滲出來後因為接觸到空氣便會開始氧化，顏色就逐漸加深、固化，形成黃白色的粉刺卡在毛孔內。有些粉刺會有一小部分冒出肌膚表面，因接觸到空氣而氧化，顏色越來越深，久

了看起來就黑黑的,這就是黑頭粉刺。黑頭是粉刺表面氧化後變色形成的,也可以稱為開放式粉刺,它沒有被完全覆蓋起來,所以有時候用鼻貼類的商品可以沾起來一些,就像拔蘿蔔一樣。白頭粉刺也可以稱為閉鎖粉刺,通常都比黑頭粉刺更大,形狀圓圓的,雖然摸得到,但是因為還埋在肌膚的裡面,即使你用針去弄一個開口,也擠不出太多東西,這種就是我稱為「皮膚的便秘」,既然是便秘,你應該是想辦法疏通它,包括飲食、運動、喝水,來幫助排出,而不是傻傻的用挖取的,了解嗎?閉鎖粉刺的細菌含量比較高,擠了就會造成擴散或是發炎紅腫,所以非常不建議用外力入侵的方式處理它,否則接下來就變成全臉到處都是紅腫的發炎,也就是演變成腫痘。

黑頭粉刺

摸起來刺刺尖尖的,看起來黑黑的或顏色較深,甚至可以直接看到粉刺頭的,就是**黑頭粉刺**。

白頭粉刺

形狀較圓、摸起來鈍鈍的(外圍多覆蓋了老廢角質)、看起來接近膚色,通常就是**閉鎖型的白頭粉刺**。

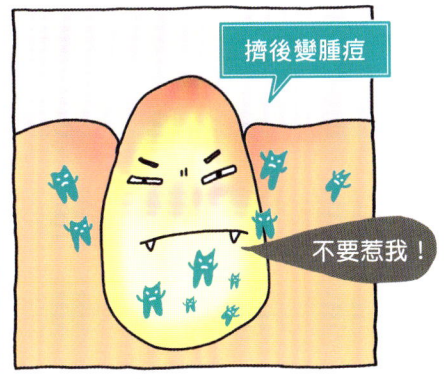

擠後變腫痘

不要惹我!

閉鎖粉刺擠了就會造成擴散或是演變成發炎腫痘。

痘痘快把我逼瘋了

Q5

粉刺一定是油性肌才獨有的嗎？

不論什麼肌膚狀態，只要保養方式不當，都會長粉刺。

形成粉刺的原因有很多，**皮脂分泌旺盛只是原因之一，常化妝、長時間接觸髒空氣、清潔沒做好，都有可能引發粉刺**。還有許多乾燥敏感的肌膚也會因為荷爾蒙的變化、生活壓力、作息紊亂，影響肌膚代謝，而冒出閉鎖粉刺。

就像ELSA本身，在青春期並沒有像其他同學痘痘粉刺長滿臉，而是在當上班族時才爆發了痘痘粉刺，當時有一個最重要的原因就是「不懂得正確的清潔保養觀念」。因此粉刺痘痘並不是只有油性肌膚才會發生哦！

Q6

長大痘痘自然就會好？

現在不學會照顧肌膚，長大也不會好！

現在的小孩大概國小高年級就開始從額頭、鼻子冒出粉刺，這跟賀爾蒙導致出油增多有關。這時如果有正確觀念，懂得照顧自己的臉，才不會造成內心自卑或是人際相處上的問題。許多人以為長大就會好？其實不是，所有我接觸的痘痘人，幾乎有八成都是從青春期長痘到成人的，這是因為剛開始沒有人教我們該怎麼做，忽視它即將演變而成的痘痘風暴，接著病急亂投醫，長大後更有財力買許多不適合的保養品或是做了很多不適當的處置，越來越糟糕難好。

忍住不擠,開始進行正確保養,可能會經歷的過程:

許多網友說:「如果10年前就遇見ELSA!我就不用走這麼多冤枉路,花這麼多冤枉錢了!」話雖如此,但真的不經過這些痛苦的白花錢又討皮痛的過程,應該也不會真正靜下心來去找尋正確的方法。現在,就讓我帶領大家回歸:學習照顧自己肌膚的正確道路吧!

當你開始正確保養,你一定還是有一段不停發痘的過程,那是因為之前埋藏在肌膚內的粉刺還沒有被代謝出來的緣故,整體來說你會經歷三個階段:

❶粉刺比痘痘多　❷痘痘比粉刺多　❸痘疤比痘痘多

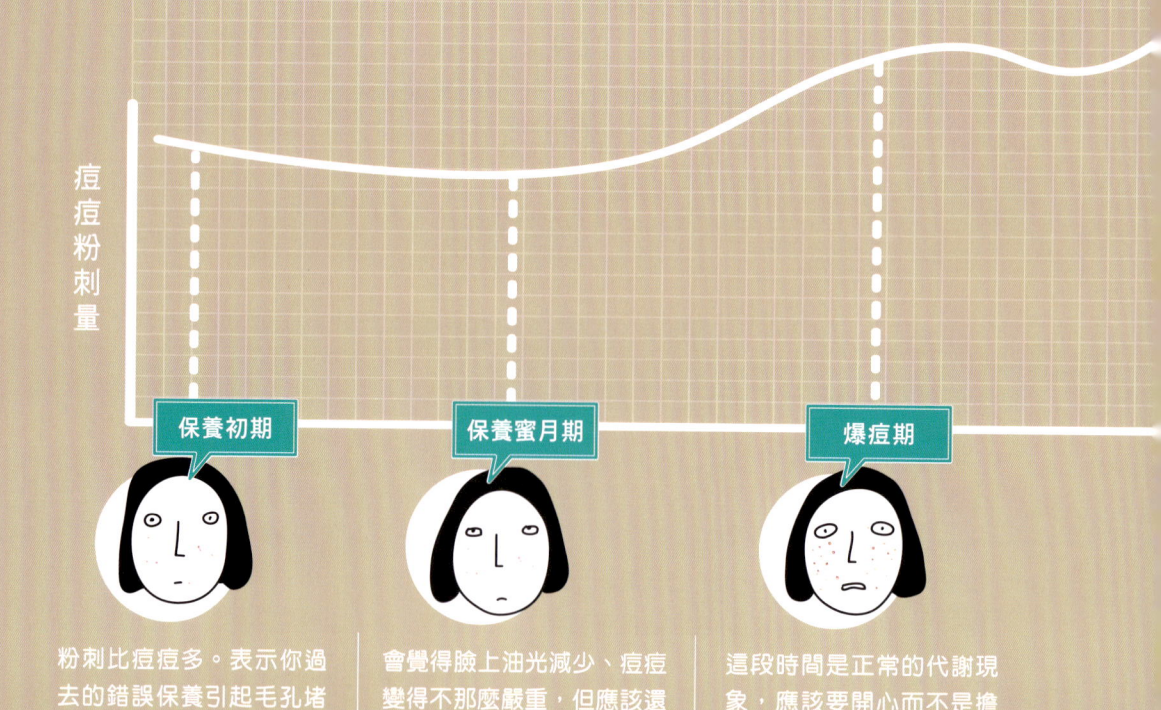

痘痘粉刺量

保養初期
粉刺比痘痘多。表示你過去的錯誤保養引起毛孔堵塞,需花費時間代謝。

保養蜜月期
會覺得臉上油光減少、痘痘變得不那麼嚴重,但應該還有很多粉刺需要代謝。

爆痘期
這段時間是正常的代謝現象,應該要開心而不是擔心。絕對禁止擠痘痘。

仔細想想，是不是挺有道理的呢！一開始埋藏的粉刺就像未爆彈，以為風平浪靜，其實危機就在眼前。接著每顆白頭粉刺都此起彼落地轉為紅腫的痘痘，這時完全不需要驚慌，最忌諱的就是一看到痘痘就想擠，只要你忍得住，就算是免費得到一張好轉的門票了！

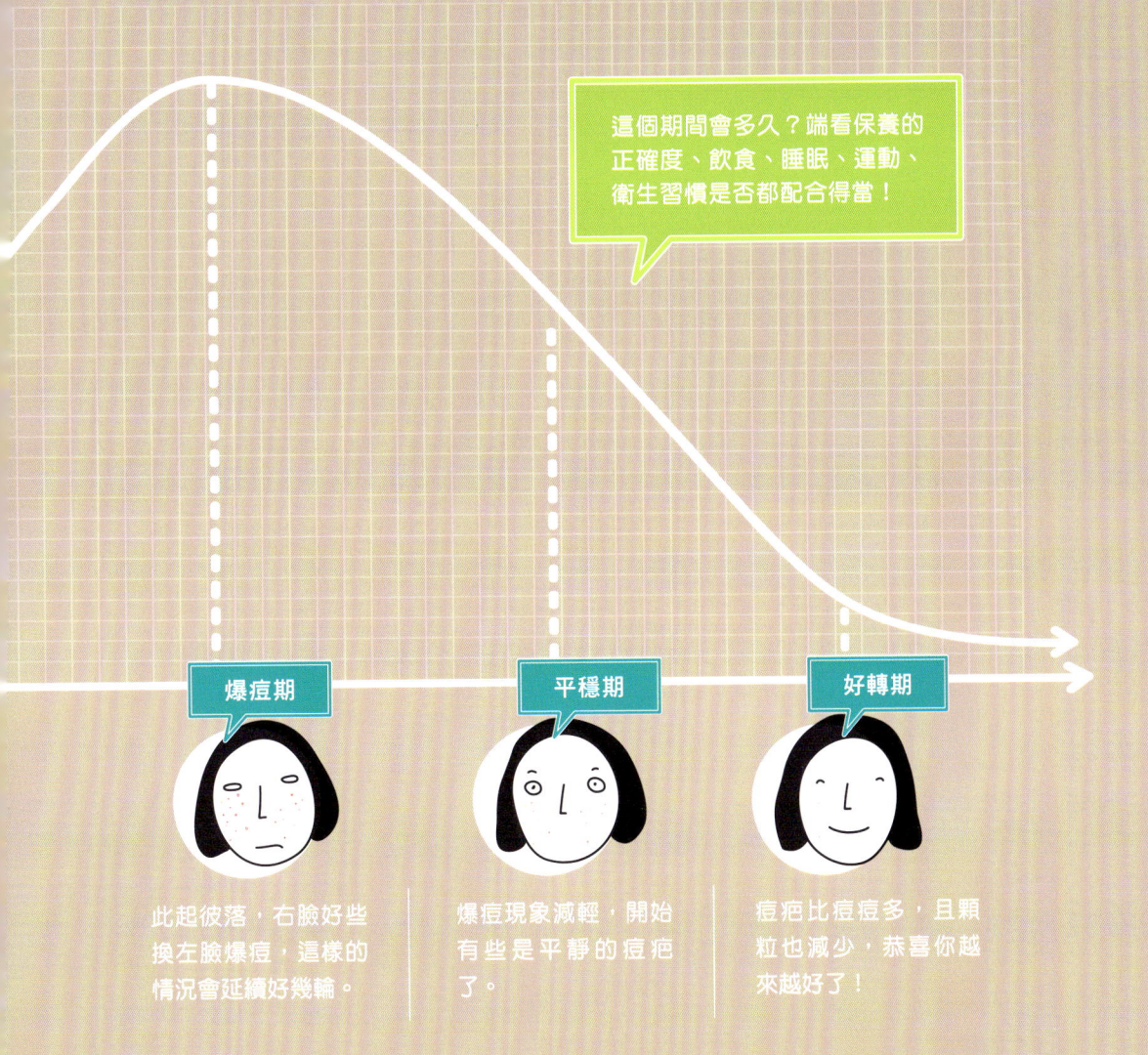

> 這個期間會多久？端看保養的正確度、飲食、睡眠、運動、衛生習慣是否都配合得當！

爆痘期
此起彼落，右臉好些換左臉爆痘，這樣的情況會延續好幾輪。

平穩期
爆痘現象減輕，開始有些是平靜的痘疤了。

好轉期
痘疤比痘痘多，且顆粒也減少，恭喜你越來越好了！

Chapter 3

進入這一章節,我們要開始學會「正確保養」
所謂「正確保養」,就是不要做多餘的事,把時間留給該做的。

我將保養分成幾個重點來進行:
1. 清潔:卸妝、洗臉、去角質
2. 狀況調理:敏感、毛孔、粉刺、痘痘、痘疤
3. 保濕+鎖水+角質修護
4. 控油+防曬
5. 日間的適時清潔

　　以上每一個環節都跟會不會長粉刺痘痘息息相關,保養很複雜,一點都不簡單,所以別再說保養很簡單了!能全部做對,才能擁有令人稱羨的好膚質!

長第一顆痘痘就該知道的事

不做臉
那要做什麼？

Q7

不做臉，那要做什麼才能順利擺脫粉刺痘痘肌？

｜3大重點｜
處理油脂、角質代謝、菌種平衡

油 過多皮脂，讓肌膚成了悶燒狀態，粉刺逐漸形成，痘痘越來越多｜如何對付油 P.52

角 老廢角質堆積，代謝不良，讓粉刺排出變得更加困難。｜角質如何代謝 P.166

菌 看不見的痘菌在你臉上開派對了，你還不知道嗎？｜菌種平衡是什麼？ P.182

在你臉上作怪的 |油、角、菌 三口組|

忽視他們，粉刺痘痘好不了！

掃除粉刺痘痘第一要務

先對付油
粉刺才能變少

\# 粉刺＝油脂＋老廢角質＋細菌 組成的
\# 人人都會出油只是多寡的差別
\# 聽說不能一直洗臉，會更油？才不是！
\# 卸妝乳、卸妝水、卸妝濕巾都是肌膚隱形殺手？！
\# 聽說，吸油面紙會越吸越油，不敢用？錯！

Q8

你知道臉上的油從哪裡來的嗎？

皮膚內部發出來的及外部附加的。

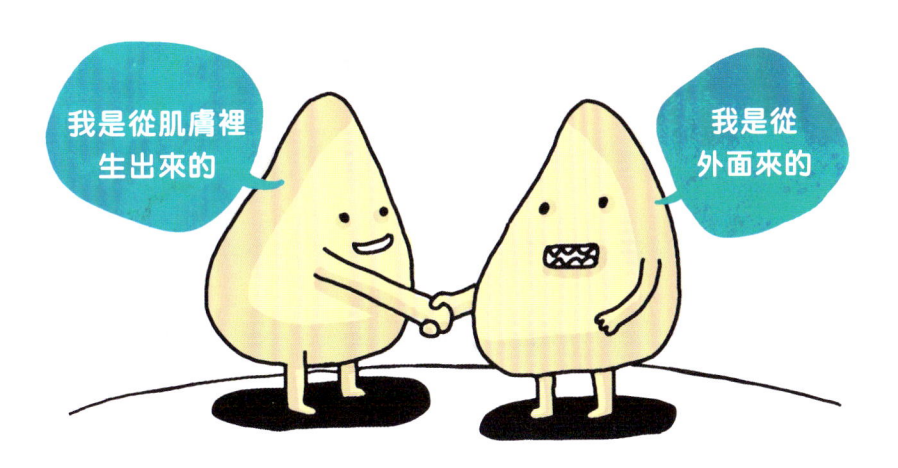

> 我是從肌膚裡生出來的

> 我是從外面來的

常常聽很多人說：「我都洗過臉了，怎麼又出油了呢？」「為什麼有些人的臉就沒有我這麼油膩？我就是標準的油性肌膚嗎？」

臉上的油光不單是自己發出來的，還包括了外面附加上去的！如果你只懂得洗臉，等於只做對了一半，粉刺痘痘還是不會遠離你的！

所謂內部發出的油脂，就是指人類天生的皮脂腺所分泌出來的油，它是一種對肌膚的保護，雖然遺傳就已經決定了一大部分的出油量多寡，但不當的保養＋化妝＋卸妝方法更會造就另外一半的問題。有時候外部附加、堆積的油脂引發的問題會比天生的出油量多還要更容易引發粉刺痘痘等問題。

不做臉那要做什麼？
先對付油

Q9
為什麼我的臉會一直出油？

青春期

這時期皮脂腺受到賀爾蒙的影響，出油增多，有的青少年可能就會面臨粉刺痘痘問題，這時如果不清楚該怎麼處理和保養，甚至連洗臉都不願意，問題就會一路延燒到成人時期，長大才想解決時，往往肌膚已經被破壞得很多了。所以**青春期請務必學會適度清潔。**

熱

外在環境的改變，也會讓皮膚出油的量增多，溫度升高1度C，出油量就會增加10%，所以夏天會比秋冬更容易出油是正常的現象。想像一下20度跟38度的落差，出油量也會暴增，該怎麼面對、處理，也是保養上最重要的課題之一。**例如夏天溫度升高會讓人油光滿面，多洗一次臉是非常好的方法。**

悶

還有一個狀況就是悶出來的，比如口罩戴得稍微久一點，肌膚感到悶熱，臉就像一個燜燒罐，容易出油，厭氧菌也跟著增多了，可以稱之為「油封狀態」，細菌最喜歡的環境就是潮濕悶熱，這些年來許多每天都必須要配戴口罩的護理人員來做保養諮詢，可以很明顯看出他們臉紅發痘的區域都正好是口罩蓋住的範圍。**戴口罩的期間務必要做好清潔，也可增加洗臉的次數，口罩也要時常更換。**

高醣飲食

　　珍珠奶茶、蛋糕、炸物也會引起油脂分泌旺盛。許多人來做保養諮詢的時候，我會問：「你的早餐吃什麼？你平常都喝水還是喝飲料？」常聽到的答案是：「早餐吃麵包，下班就買杯手搖茶！」這些含糖量高的飲料或茶類喝太多，不但會讓我們粉刺痘痘機率大增，還會影響睡眠品質，睡不好、休息不夠，理所當然更會長痘痘啊！

外來的、附加在皮膚上的油分

外在殘留的油
要徹底掃除

　　過度厚重的底妝、過於油膩的保養品、卸妝品沒有被洗淨而殘留的油脂都是外來的油脂。因此每次在做保養諮詢時，我會先詳細詢問過去到現在使用的保養品是哪些？有沒有化妝的習慣？用了哪些化妝品？用什麼卸妝？這過程往往耗費1-2小時，但絕不能省略，這是幫我們一起抓出粉刺痘痘不停發生的可能原因，加以修正，問題才能徹底解決。

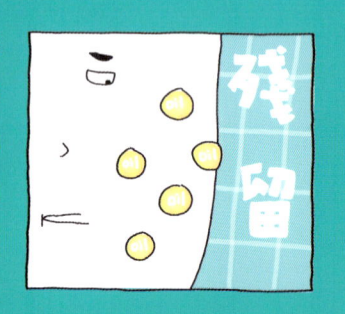

Q10

不即時處理過多皮脂會有什麼下場？

堆積形成粉刺，再發炎變成痘痘。

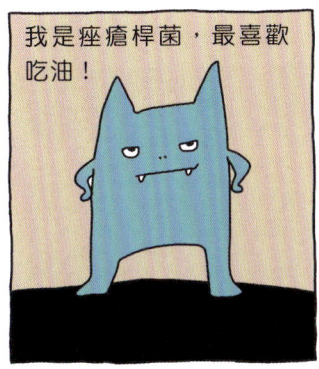

1. 堆積形成粉刺
2. 悶久了會變黃、發臭，變成細菌喜歡吃的食物
3. 送給你的禮物就是：發炎長痘痘

　　幾乎所有粉刺／痘痘變得嚴重的關鍵之一，都來自油脂的處理不當。並不是很會出油就註定變成粉刺人，問題在於懂不懂怎麼減油。

吃藥控油，無法吃一輩子

　　油脂是肌膚正常的分泌物，可以保護肌膚、保持濕潤度，但是！「太多」的油脂，就會造成困擾，讓人臉看起來又黃又髒、皮膚暗沈，更嚴重一點，就是毛孔堵塞，也就是粉刺，最後演變成痘痘。也許有人會選擇吃藥來控制出油，但是藥物有時候有點力道太強，反而會讓肌膚變得乾繃。**接下來我們將告訴你：實際該怎麼做，才能對付油。**

Q11

到底要怎麼對付臉上的油呢？

｜4大訣竅｜
洗掉、卸掉、吸掉、控制

洗 帶迷你版洗面乳出門，每天多洗一次臉就是戰痘的小心機。

卸 太晚卸妝=餵養痘菌：回家後，千萬不要等到洗澡的時候才卸妝，一定要一踏進家門就先卸掉厚重的「面具」。

吸 吸油面紙減油效果雖然短暫，但比整天油膩來得好多了。

控 控油保養品可幫助調節臉上的清爽度，大幅降低粉刺發生機率。

洗 卸 吸 控

油性肌

臉上戴著
油跟妝做的面具

案例

台北 文佳

回頭檢視過往的保養方式，發現自己居然就是破壞肌膚的原凶！這些錯誤的保養方式，你中了幾個？

卸不乾淨或洗過頭，都是問題！

文佳舊觀念：忘了從哪一天起，臉上總不時有粉刺痘痘，一開始以為是臉沒洗乾淨，於是拼命的洗，用抗痘、抗粉刺的洗面乳、用手工皂、洗臉機；聽說不化妝痘痘好得快，所以我連防曬都不敢擦，每天素顏；又聽說，空氣很髒沒上妝也應該要卸妝，結果⋯⋯最後臉受傷了，痘痘不只沒變少，還越來越嚴重。

錯 沒上妝卻天天用卸妝乳，皮脂膜被卸掉了

ELSA老實說：文佳的保養從卸妝就開始出問題了，沒有上妝，真的沒必要卸妝喔！不要多做反而多錯了！ 詳解請見P.93

文佳舊觀念：有人告訴我，痘痘如果不擠掉，細菌會把我的皮膚吃掉！於是我開始每週做臉，在擠的瞬間，不但臉上噴血，眼淚也大噴發。但擠完後不到一週，不只原本的痘痘回來找我，還多帶了好多痘痘朋友一起來，我只好再更努力地擠。直到某天，我發現我的痘痘不僅越來越多，還多了很多坑洞跟傷疤。

錯 做臉擠痘痘

ELSA老實說：痘痘絕對不能擠！已經發炎，越擠越慘！你身體任何一塊皮膚受傷你還會一直擠它嗎？當然是不可以！

詳解請見P.41

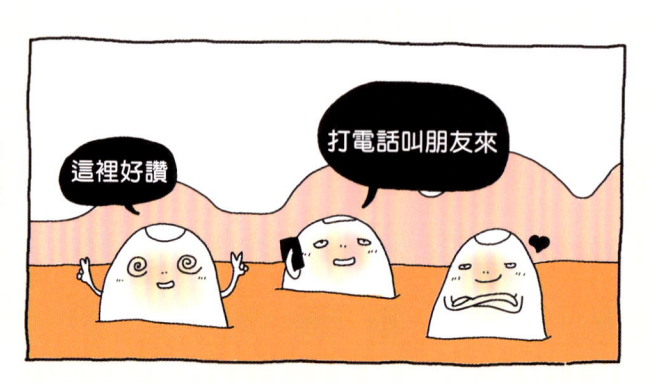

> 這裡好讚
> 打電話叫朋友來

文佳舊觀念：去醫美做各種雷射，希望能把痘疤打掉。可是一段時間後我卻發現，這讓我的臉變得更加敏感，越來越紅，痘痘更容易大爆發。

錯 肌膚脆弱時做醫美，會誘發更多痘痘跟敏感現象

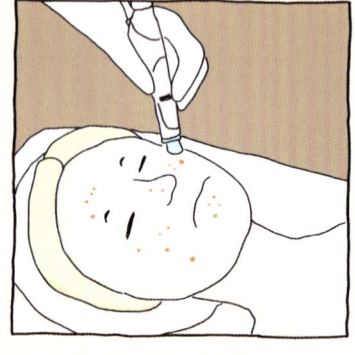

ELSA老實說：痘痘爆發的當下，並無法靠雷射解決，這是我過去的實際經驗，也是很多人的經歷。滿臉痘痘時去雷射，可能誘發更多痘痘跟過敏現象。

文佳舊觀念：去看皮膚科，醫生說：「除了清水洗臉以外，只可以擦藥。」擦藥幾個月後，我的痘痘減少了一些，但是臉變得好乾，所以我買了礦泉噴霧，一感到乾就噴，沒想到，我的臉竟然開始掉屑了。我只好又買了乳液來擦臉，卻還是擺脫不了又油又乾的狀態。

錯　礦泉噴霧讓肌膚更乾燥！

ELSA老實說：什麼都不擦，已是過時的觀念了。尤其使用A酸藥物，會讓臉變得相當乾燥，只擦乳液也不行的，一定要認真選擇最適合的保濕武器，化妝水並非正解。好的「保濕」該怎麼做？絕對不是化妝水＋乳液，而是要用高品質的多分子玻尿酸＋神經醯胺乳液才是最基本的正解。

文佳舊觀念：痘疤很礙眼，所以我開始化妝，每天用粉底蓋住痘疤。但每天回家卸妝之後，我的心就down到了谷底。我的臉真的會好嗎？

錯　用厚重的粉底、遮瑕膏遮蓋痘痘、痘疤

ELSA老實說：蓋住，就是營造一個痘菌最愛的「缺氧」環境，痤瘡桿菌最喜歡這種環境了，絕對要避免！到底痘痘、痘疤人該怎麼上妝才不會讓粉刺痘痘失控蔓延？詳解請見P.140

文佳舊觀念：家人朋友不斷的關心我，工作場合我開始沒自信的低著頭，不喜歡交朋友。因為我的臉，我變得不愛笑了。

壓力也會致痘

ELSA老實說：也許你可以告訴他們：「我已經在想辦法了，痘痘不是一天兩天就會好，請不要給我更多的壓力。壓力會招來更多的痘痘！」在爆痘期間，最重要的是把臉弄乾淨一點，而不是遮遮掩掩，遮過頭，誰都看得出來。人的自信不只來自外表，還包括了其他的專長，如果這段期間不喜歡出門，那就找一些其他的興趣，趁機培養讓自己變得更厲害吧。

文佳舊觀念：粉越蓋越厚，沒化妝的日子，我還用起了所謂的素顏霜，企圖讓臉看起來好一點。我以為素顏霜不用卸妝，所以我洗完臉就睡覺去了。某天驚覺，我的粉刺鋪滿了臉，才知道原來我又錯了。

錯 素顏霜就是化妝！它是你皮膚原本沒有的東西，敷著過夜肯定會出事。

ELSA老實說：素顏霜就是一種底妝產品，一定要卸妝。
有哪些東西需要卸妝？詳解請見P.94

文佳舊觀念：到底該用什麼卸妝？市面上的卸妝產品這麼多種……聽說，長痘痘不可以用卸妝油，所以我用了卸妝凝膠。有時候偷懶，就用卸妝棉擦一擦。心血來潮，用卸妝乳認真按摩，然後擦掉。卸妝水當然也用過，因為擦了可以不用洗臉，很方便。

錯 用卸妝凝膠、卸妝乳、卸妝棉、卸妝水卸妝

ELSA老實說：要做到完全正確的卸妝確實不易，文佳的卸妝思維跟大多數人都一樣，認為卸妝乳較溫和、洗卸兩用快速方便不傷皮膚，而這些反而造成她「卸不完全」、「刺激性高」的現象，想解開卸妝迷思嗎？詳解請見P.109

錯 睡前吃水果，讓她淺眠，痘痘狂發

文佳的臉一直都呈現好了八成但是那兩成的問題還是沒有辦法徹底排除的狀態。下巴雖然沒有痘痘了，但是因為本身膚色偏白，痘疤顯得特別明顯，紅一塊、黑一塊的，讓她相當困擾。

某次文佳跟我一起到香港舉辦保養講座，到了晚上收工，我們聊起好幾位香港的朋友臉都好多了，偏偏文佳自己困擾許久的痘疤就是退散不了的這件事。到底原因在哪？正巧當天晚上住的飯店沒有供應水果，文佳也沒想太多就入睡了，那一覺，居然格外香甜。早餐時我們聊起了她每天晚上在家裡晚餐之後，都會捧著一大盆水果吃完才睡覺的習慣。我們猜想，讓她總是淺眠的兇手可能就是糖分過高的水果，而且是睡前吃。文佳回想自己確實每天晚上總是不好入睡，早上只要媽媽起來做早餐，任何的一點聲響她都聽得到。只要沒有睡好，她除了痘痘齊發之外，嘴巴也很容易長皰疹，這對她來說幾乎是家常便飯。於是我開始叮嚀她：「現在開始晚上睡前不要吃水果了，要吃的話，改成下午吃，但也不要吃太甜的。」

她果然是一個行動派，**水果、白飯都從此減量，配合著運動、少喝奶製品**，不出一個月，那剩下一直好不了的兩成問題就改善了很多，成效驚人，她也把自身的經驗分享給前來諮詢的朋友，讓那些早餐都只吃雜糧饅頭又以為很健康的人也開始調整每天的飲食策略，讓更多人受惠。可見，臉的問題不一定只有出在保養上，不恰當的飲食也是肌膚殺手！

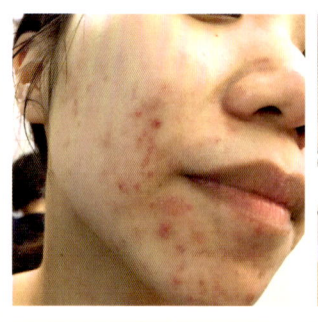

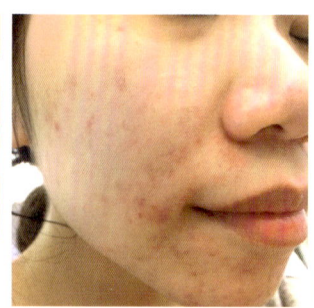

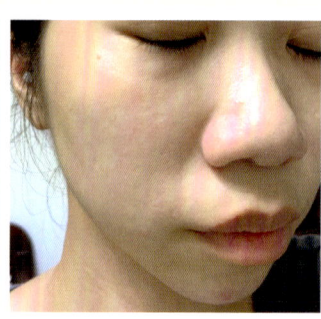

台灣的水果好吃但甜度較高，
冒痘時期應適量攝取

以往文佳除了每日大量的水果之外，也很喜歡奶製品，各家的珍珠奶茶她都可以列出優秀評比。而僅此一晚沒有吃水果，居然睡得這麼好，也許正貼合了近年來流行的血糖波動議題，大家不妨多多檢視自己的飲食習慣，盡量減醣、減少奶製品、飲食的時間點，睡得好，痘痘自然會好得快。

睡得香甜，痘痘當然好得快
麵包、餅乾、各種糕餅都需要減少

每回我到香港舉辦保養諮詢的時候，總也會問起大家都吃些什麼？得到的答案多半早餐都是麵包配咖啡，午餐是雲吞，晚餐也差不多，能吃到蔬果青菜或是優質蛋白質的機會偏少了點。

我常常鼓勵大家自己做菜，但很多人回應：「平常工作已經很忙碌，希望早上能多睡幾分鐘，不想把時間拿來做餐。」但是有一個香港友人卻聽進去了，每天回家自己切菜洗菜做便當，隔天帶去學校吃（她是一位優秀的小學老師），大約過了半年多我再去香港時，她說：「我一定要約你見面！我一定要約你吃飯！讓你看看我的臉！」一見面發現她的臉全好了，連中醫師都問：「你怎麼好的？」

經過很多次的諮詢和拍照作記錄之後，現在的文佳，肌膚已經好到別人不敢相信曾經她的臉曾經這麼嚴重過，還成為一名出色的保養諮詢師。

關於洗臉，先看懂這一篇

洗錯臉
痘痘會越來越紅腫

洗臉是洗去油光的最基本手段，但是洗過頭，
把皮脂過度去除，也就等於把皮脂膜都洗壞了。
粉刺痘痘問題不但無法解決，連敏感泛紅都一起來困擾你了！

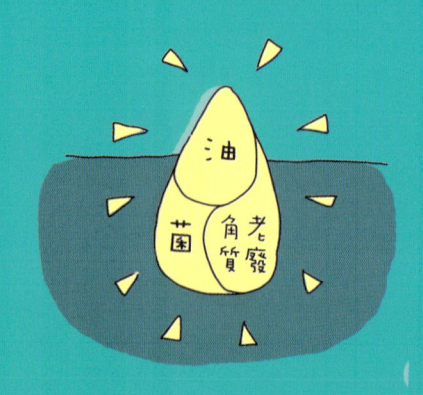

對付油的關鍵
好好洗臉

Q12

[什麼是皮脂膜？]

皮脂膜=皮膚表層天然的看不到的膜，可以保護皮膚、防止乾燥以及細菌入侵。

皮脂膜就是汗水、皮脂以及一些滋潤成分組成的。它是皮膚重要的保護膜，絕不能輕易被破壞，PH值若是維持在4.5-6.5的弱酸性狀態會是最健康的。

也許長痘痘的人都曾經被說：你是不是沒洗臉？於是拼命的買各種清潔用品來虐待自己的臉，其實長痘痘不見得是洗不乾淨，反而更可能是洗過頭引起的。當皮脂膜被含皂鹼的洗劑過度去除，除了乾燥之外還容易破壞肌膚抗發炎、抗紫外線、抗污染以及抗老化的能力，痘痘越來越多、敏感泛紅、酒糟都可能出現。

只要洗臉之後肌膚感覺到相當明顯的乾澀緊繃，很可能就是選用的洗劑去脂力太強所致。另外還有一種可能就是洗臉時搓揉過度，企圖把臉上的粉刺全部搓下來，這也是一種不恰當的行為。只要你讓皮脂膜健康，皮膚含水量高，代謝變好。粉刺還是會自然代謝掉落的。

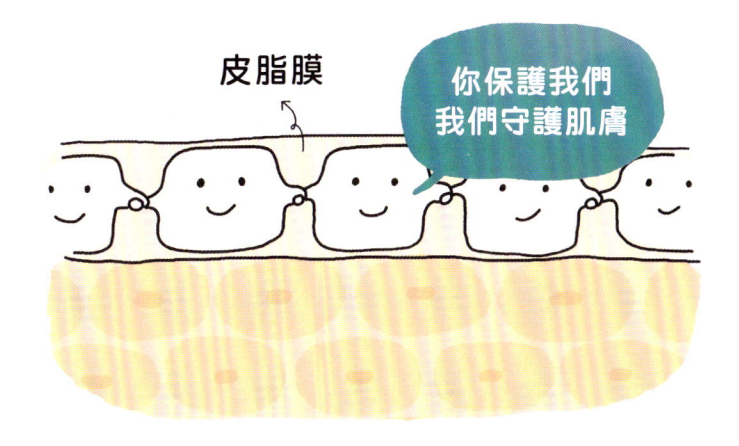

皮脂膜

你保護我們
我們守護肌膚

對付油的關鍵
好好洗臉

Q13

怕破壞皮脂膜，所以不用洗面乳，直接用清水洗臉最好？

錯，選擇洗得剛剛好的洗面乳比用清水更恰當。

早上起床後如果臉上沒有太多油光的人或許可以只用清水洗，但大部分的人夜晚睡覺也會分泌油脂，早上用洗面乳洗掉再擦保養品會比較理想！另一方面，**單單光靠清水是無法帶走臉上的灰塵跟油垢的，必須透過洗面乳（界面活性劑）才能將髒污與水結合而被沖洗掉。不用洗面乳，就像永遠只用清水刷牙一樣，有些髒垢是掉落不下來的，也無法去除皮脂的臭味與細菌。**

先前流行過一陣子不洗臉，很多來諮詢的人都表示三天就受不了了，的確是這樣的，如果你有上妝，卸妝之後不洗臉更是不可行的事情，若你的油脂分泌旺盛，不洗臉後果更是可怕。除非你居住在沒有什麼環境污染的地方，本身也幾乎不太會出油，那或許可以，但對大多數的人來說，洗臉就像每天刷牙、洗澡一樣是極為重要的清潔步驟，如果你不先洗臉，後續要怎麼擦上保養品呢？一來是吸收不良，二來是把髒東西跟保養品結合在一起，已經違背了讓肌膚清爽、減輕負擔的基本原則了。

對付油的關鍵
好好洗臉

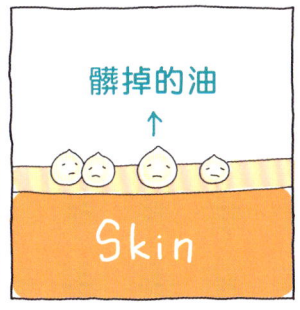

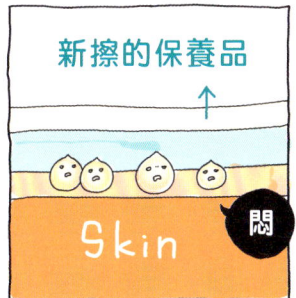

一早醒來，你臉上已經浮一層油，這到了早上已經是髒掉的油了，是清水洗不掉的，接著你就塗抹了各式各樣的保養品，把這個髒掉的油悶在你的皮膚上面。

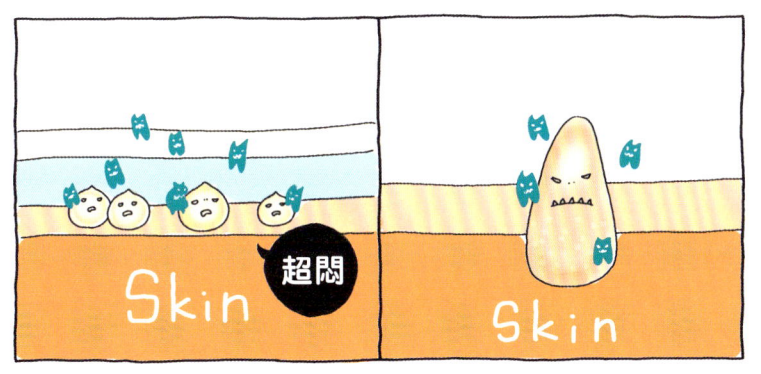

這時候便是痘菌們就是享用豐盛油脂早餐的時刻了，非常容易演變成粉刺或痘痘。

應該要使用溫和的洗面乳來洗臉。早晨洗臉時，洗面乳用量只需晚上清潔時的一半就夠。

> 對付油的關鍵
> **好好洗臉**

Q14 一天要洗幾次臉？

2次是基本，而且一定要用洗面乳，油性肌膚可洗3-4次，洗面乳要夠優秀才行。

洗臉基本的次數就是早上起床以及晚上回家之後。但是如果在這之間已經堆積了不少油垢，建議至少要多洗一次！光是做對了這個步驟，就能降低油垢附著在肌膚引起的各種悶熱、餵養痘菌的的機會。

中午多洗一次臉

| 對付油的關鍵
| **好好洗臉**

近期我也在臉書舉辦：「挑戰連續七天中午用洗面乳洗臉」的活動，非常多人因此受惠，說臉變得更清爽、更不容易發紅了，這是因為去除了悶住肌膚的油垢之後，不但能夠讓毛孔透氣，也可以減少細菌滋生。一個小動作，可以讓你的臉好很多，快試試看吧！

4個必洗時機

1. 早上起床
2. 中午（騎車上班、油光滿臉者）
3. 剛到家時
4. 睡前（無空調、在家還是出油了）

中午時段，若有上妝、擦物理防曬者最好是先卸妝再洗，然後再擦點保濕精華後重新上妝，這樣就可常保妝的新鮮度，不堆積細菌跟油光，減少粉刺。

> 對付油的關鍵
> **好好洗臉**

Q15

洗面乳隨便選一支就可以了吧?

高品質的胺基酸洗面乳,是把肌膚從負分拉回正分的第一道關卡。

洗面乳的主要成分是界面活性劑(洗面皂、手工皂都算界面活性劑),界面活性劑可以把油垢跟水結合在一起,再一起沖刷掉。很多人聽到界面活性劑都會嚇一跳,感覺是可怕的東西,其實它只是把水跟油拉在一起的一種介質,不必太過擔心,它不是萬惡之物。洗臉最重要的是洗掉油垢,但不洗掉保護膜,挑到去除油垢能力太強的洗面乳,肯定會削弱肌膚的抵抗力,**目前最溫和又乾淨的,仍然首推純胺基酸洗面乳**,我自己在爛臉時期,也是靠舅舅所研發的純胺基酸洗面乳救回這張臉的,當人生第一次用到真正不含皂鹼的純胺基酸洗面乳洗臉時,居然會有一種「哇!原來洗臉可以這麼舒服,洗完摸起來好水嫩,完全沒有緊繃感」的一種感動。

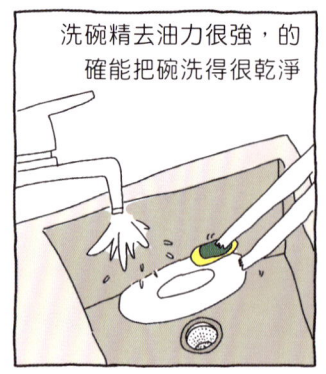

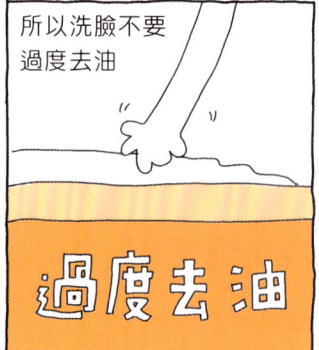

> 界面活性劑 — 我並不可怕
> 水 油

> 洗碗精去油力很強,的確能把碗洗得很乾淨

> 但你的臉並沒有碗這麼油啊!

> 所以洗臉不要過度去油
> 過度去油

Q16

洗完臉一定要用化妝水再次擦拭一次，才算真的乾淨嗎?

當然不需要！

也許洗臉之後用化妝水倒在化妝棉上擦拭可以擦出一些黃垢，但我們實在沒有必要做得這麼過頭，留一點皮脂保護肌膚才是正確的。我們先前已經提過，『擦拭』這個動作對於你的皮膚是極大的傷害。

Q17

洗面乳要選擇無泡泡的還是要多泡泡的？

要有泡沫比較好。

一方面，泡泡是一個緩衝，可以幫助深入毛孔清潔，避免摩擦過度，一方面，有泡沫的洗面乳通常也比較好沖洗乾淨不殘留。

有些診所可能會推薦你用無泡沫的款式，認為這樣對敏弱肌膚比較有保障，但我個人覺得這不是一定的，最重要的還是要看「什麼清潔成分」做成的泡泡才是關鍵。

> 對付油的關鍵
> **好好洗臉**

Q18

有磨砂顆粒的深層清潔洗面乳，For Men的男士專用款、標榜抗痘的洗面乳，對痘痘比較有效？

No! 洗面乳基底(Base)的溫和程度絕對比宣稱的附加功能重要一百倍。

洗面乳是把過多的油垢移除之後就要被水沖掉了，所以各種標榜美白、抗痘功效的洗面乳都在臉上發揮不了太久的效果，不需要太過執著它的附加賣點。

男生的油脂分泌一般來說都比女生多一些，但並非絕對，尤其最近發現越來越多男生屬於敏感薄透肌，這跟遺傳有直接的關係，也跟後天錯誤保養、過度磨損有關，所以洗面乳其實不需要特別區分男女生，而是依當下的肌膚狀態來做選擇。用太過度去油的洗面乳，洗得太過乾淨，可能會把你皮膚本來需要的皮脂膜都磨損掉了，毛孔受到刺激之後，可能會因此滲出更多的油光來保護你。

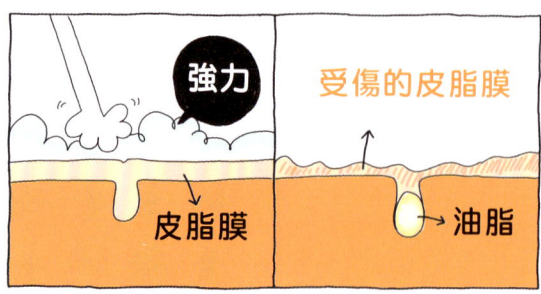

強力去油反而讓皮脂膜受傷，形成又乾又油的肌膚，得不償失啊！

對付油的關鍵
好好洗臉

Q19

手工香皂最天然、最好？

如今製作手工肥皂時，多半是去化工行採買「氫氧化鈉」來取代天然的鹼水（草木灰），因此已經不能算是純天然的產物了。

　　真的非常多人對「天然」有一種無法抗拒的迷思，覺得「天然」絕對不傷肌膚，然而並不是這樣，手工皂雖然是從天然的油脂（比如說橄欖油）加上鹼劑造化而成的產物，對於敏感痘痘肌膚來說，天天這樣洗會容易過度去除肌膚最外層的保護膜，如果你的臉已經乾燥脫皮、冒痘痘粉刺，最好避開手工香皂。包括像是無患子等號稱天然的洗劑，都有過度去脂的狀況發生，洗了之後乾燥緊繃、脫屑，對你而言反而不是好事，建議還是用溫和的胺基酸洗面乳比較恰當。

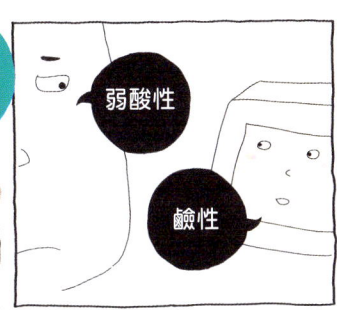

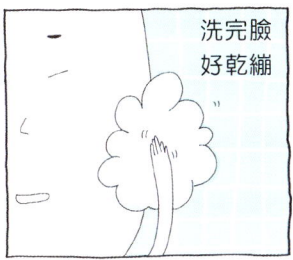

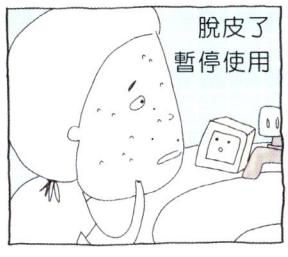

> **案例**
>
> **文山**
>
> 慶幸當初報名了ELSA的洗卸課程，肌膚因此好轉了好多！

毛巾洗臉法＋洗卸兩用，搓出破損泛紅、發炎冒痘、提早老化的敏感肌

文山來諮詢的時候是臉紅通通的狀態，一問之下，原來是從青春期就開始用毛巾洗臉，加上肌膚天生薄透，曾經使用水楊酸痘痘藥膏，引起大脫皮，他也愛用For Men男士專用的洗面乳，讓他的臉從此變成動不動就發紅的長期發炎狀態，更糟糕的是，還曾經在朋友的勸說下使用了洗卸兩用的產品，每天卸兩次，痘痘爆發得更嚴重，最後只好選擇做臉清粉刺，臉卻加倍的紅，痛得連頭也跟著痛。在飲食方面，因為在便利商店打工時期，經常吃報廢的麵包與便當，營養不夠均衡，讓肌膚的狀況一直都沒有獲得改善。

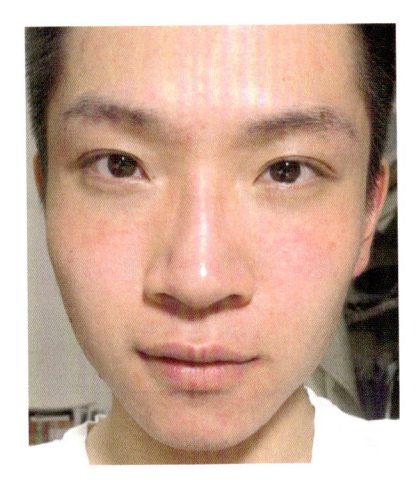

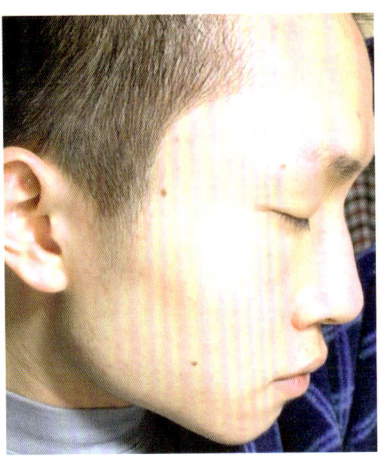

經過了很多次的保養諮詢，不管是卸妝 / 洗臉 / 代謝粉刺 / 保濕 / 防曬的觀念，都徹頭徹尾重新檢視、重新學習，並挑選適合自己的保養步驟，讓他的臉終於恢復健康的狀態，好得連女生都羨慕。

Q20

用洗臉機洗臉好嗎？

答案是沒有必要。

洗臉不是刷牆壁，用工具其實是最不恰當的。過多的磨損，一樣會破壞皮脂膜，讓細菌入侵的機會增多。洗臉不需要用毛巾，也不需要海綿，更不需要洗臉機喔！尤其是痘痘紅腫嚴重的人，更不可以輕易嘗試。

如果已經買了洗臉機該怎麼辦呢？那就拿來搓膝蓋、手肘、腳跟吧！這些地方的角質比較厚，用起來剛剛好。

> 正確洗臉6大步驟

洗臉示範

現在就跟我一起學習如何洗臉吧！
每個重新檢視自己洗臉方式的人，
都像我一樣驚訝於這根本就是一切好轉的基礎。
不會洗臉，你的痘痘就不會好！

正確洗臉
6大步驟

洗臉 Step.1

先將前額瀏海固定,才能仔細清洗額頭。接著擠出約2顆米粒大小的洗面乳。

before

2顆米粒大小的量

這麼少哪洗得乾淨?

當然可以。

81

正確洗臉
6大步驟

洗臉 Step.2

加多點水,用另一隻手指腹輕搓揉起泡。

多加幾滴水

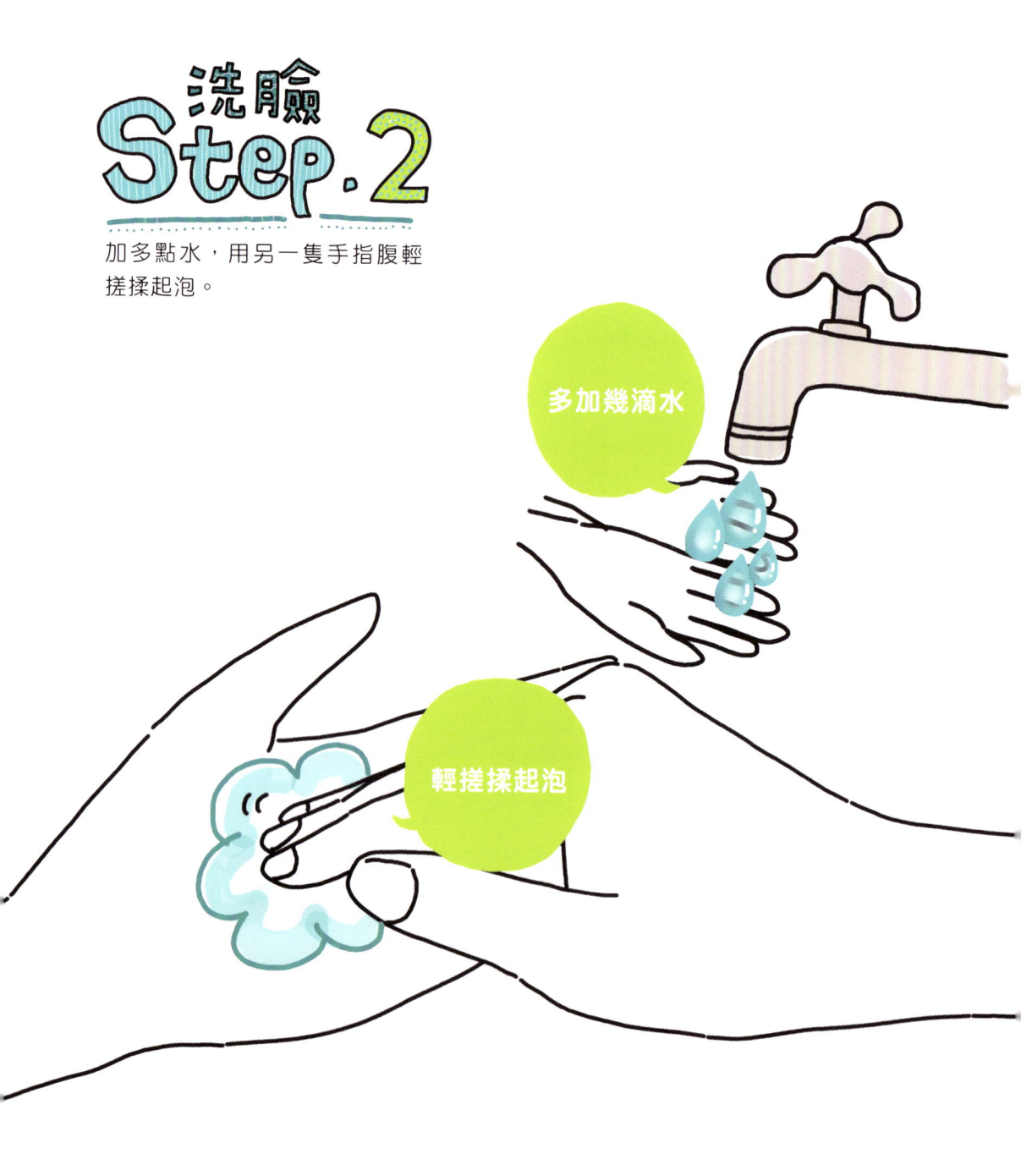

輕搓揉起泡

正確洗臉
6大步驟

Don't
不要還沒搓泡就直接往臉上塗抹，沒有泡泡無法順利將髒污帶走。

小心
手太油膩，將會很難起泡。洗臉前可先將手洗乾淨。

洗面乳擠太多、而水加得太少，整體太稠也會影響起泡。

不要
不要拿整塊的肥皂直接塗抹額頭跟臉頰之後，才加水去洗，非常傷肌膚。

注意
手不要太扁平地搓揉。要稍微弓起妳的手，有點空間讓空氣進去，才容易起泡。

手就是最好的工具，不需要用刷子、海綿或其他任何工具。

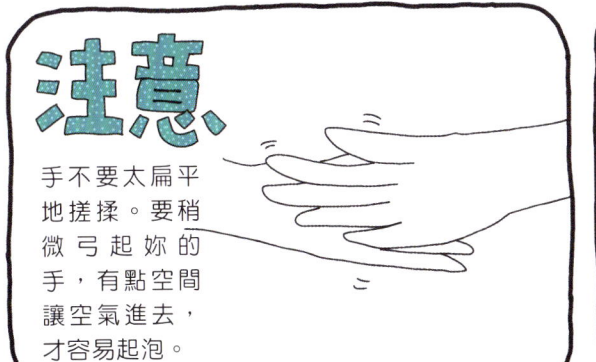

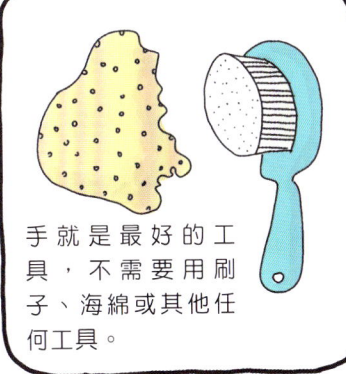

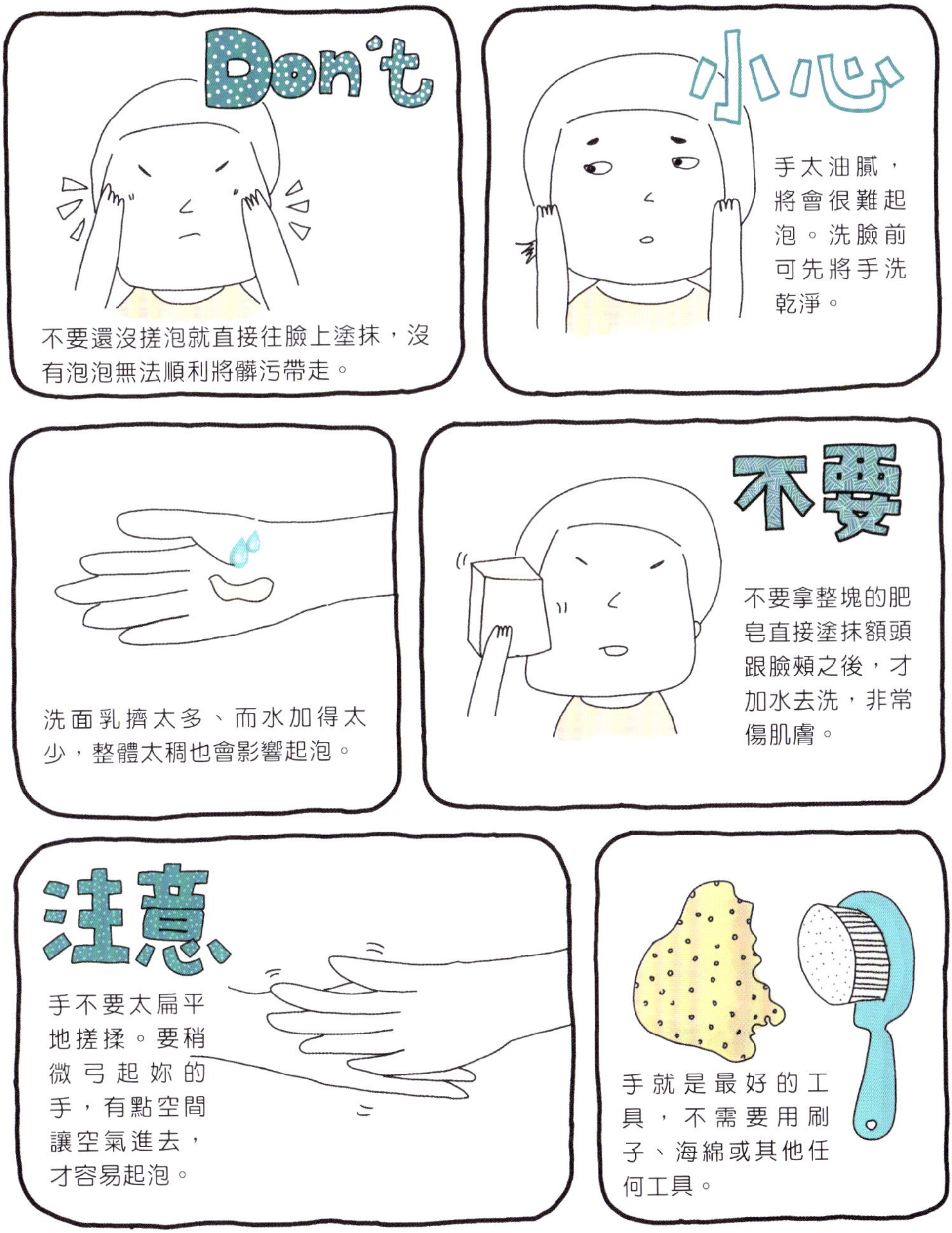

| 正確洗臉
| 6大步驟

洗臉 Step.3

兩隻手都沾滿了泡沫之後,從容易冒油光的T字部位先洗。U字兩頰因為比較乾燥,洗的時間可以更短些。

T字部位 仔細洗

U字部位 力道輕

1.

2. 2.

不要

洗臉的時候不需要在某一個局部用力的搓揉,要全臉平均,力道輕。

84

正確洗臉
6大步驟

洗臉按摩的時間只需要短短的10-20秒就夠了。**全臉按摩時間不超過一分鐘。**

快速而輕柔的按摩

Don't

按摩時間不要太久。洗面乳畢竟是清潔劑，按摩太久會讓皮膚過於乾燥。沖水時還會再稍微按摩，不用擔心不乾淨。

NO

用手按摩就可以了，刷子、海綿都不需要。

正確洗臉
6大步驟

洗臉 Step.4

手掌要像杓子一樣捧起大量的清水，抹上臉之後最好再輕輕按摩兩三下，把臉上的髒泡泡抹掉。沖水的次數，最少要20-30次，直到臉上沒有滑膩感。

> 手像杓子一樣捧起大量清水

> 大量沖水20-30次

正確洗臉
6大步驟

注意
注意！額頭、鬢角、腮幫子也不要忽略。

Don't
沖水次數太少，會沖不乾淨，讓你冒粉刺。

NO
不要光捧著水一直潑臉，這樣髒掉的洗面乳還是無法順利完整掉落的。就算你潑得滿地都是水，也還是沒有沖乾淨唷。

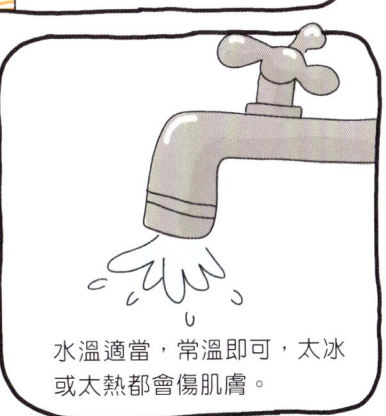

水溫適當，常溫即可，太冰或太熱都會傷肌膚。

原來如此

正確洗臉
6大步驟

洗臉 Step.5

沖完水，立刻用乾淨的毛巾或衛生紙輕輕用按壓方式擦乾。

輕按壓擦乾

不要
不要用毛巾用力搓揉！

Don't
不要讓自來水停留在臉上太久，這樣並不會比較保濕，反而會使肌膚裡的水分跟自來水一起被蒸發，等一下就會變得更乾。

注意
毛巾最好每次都換乾淨的，長期放在浴室中的毛巾上有許多看不見的細菌，不適合洗臉後拿來擦臉。

正確洗臉
6大步驟

洗臉 Step.6

接著上保養品，中間請勿間隔太久。

立刻上保養品

注意

洗臉擦乾後，是保養品吸收最好的時刻，若放任不管，肌膚水分很快就會流失。

> 對付油的關鍵
> 好好洗臉

其他注意事項！

1. 若用**純胺基酸洗面乳**，一天最多可以洗到5次也不需要擔心傷害肌膚，但若使用的是含皂鹼的洗面乳或肥皂，洗這麼多次很有可能皮膚會過乾，防禦功能下降，所以挑一支溫和的胺基酸洗面乳是洗臉的基本策略。

2. 如果你是出油大魔王，每次洗臉之間還是感覺油膩，可以**使用吸油面紙來吸取油光**，聽起來好像很忙碌，但你可以把它想像成早晚刷牙之間，還會吃完東西漱漱口排掉口中殘渣跟氣味的概念，不會花掉你太多時間，但做與不做，直接決定了粉刺的多寡。

3. 每次洗完臉都應該要擦保養品，因為洗掉油光的當下肌膚會稍乾，即使你用的是保濕款的洗面乳也無法確保一直保濕下去，**建議擦玻尿酸精華液而不是化妝水**。

丟掉不適合又傷害你皮膚的洗臉用品吧！

洗面乳的挑選與保存

1. 最好是**純的胺基酸洗面乳，也就是無皂鹼的款式。**
2. 有些胺基酸洗面乳為了狀態穩定，添加了皂鹼，洗了可能會產生肌膚緊繃或乾燥缺水的狀況，建議大家挑選的時候要特別留意。
3. 洗面乳有時候會因為溫度的高低而產生變軟或變硬的狀況，建議**放在通風良好的乾燥環境**，使用之後蓋子一定要蓋緊，避免水氣滲入影響品質，如果已經油水分離，就是變質了，建議買一條新的。
4. 洗面乳通常**用量都不需要太多**，只要一點點，多加一點水起泡之後才抹在臉上，如果沒加水直接塗抹在臉上，這樣是很難搓開又很難沖洗乾淨的。

6大重點，全面顛覆你對卸妝的想像

粉刺痘痘
卸卸不聯絡

「卸妝乳比較溫和」這句話害了很多人，
卸妝乳不會比卸妝油卸得乾淨，更不會比卸妝油溫和。
越是清爽的卸妝產品，對你的敏感痘痘肌越是不利。
用擦拭的方法卸妝，絕對是你該避免的。

對付油的關鍵
正確卸妝

Q21
沒上妝也該卸妝才能真正乾淨？

沒化妝或防曬不需要卸妝，否則容易肌膚泛紅甚至冒痘。

臉上有「妝」才需要卸掉，而妝，包括了所有「底妝」，包含：防曬產品、隔離霜、飾底乳、BB CREAM、CC CREAM、粉底、氣墊粉餅、蜜粉、壓縮粉餅、還有最近流行的素顏霜、以及任何遮蓋瑕疵的、有顏色的都算。因為這些東西都是外來的，不是你皮膚流失缺乏的東西，跟補充玻尿酸或是神經醯胺的概念是不一樣的。既然是外來的、暫時的，就應該要好好移除，讓肌膚透氣。

沒有妝阻隔著，卻還是進行卸妝，你卸掉的就是自己的皮脂膜，皮脂膜有破損，就更容易流失水分、也容易招來敏感泛紅，更可能引起細菌大軍的入侵。

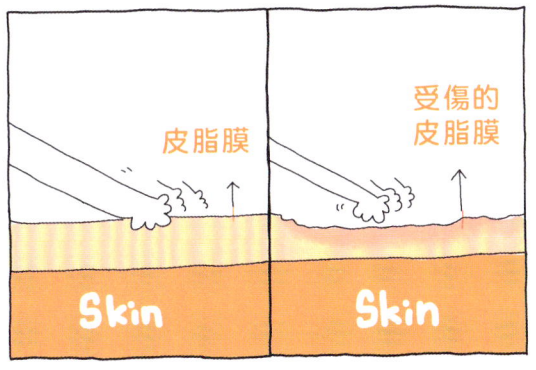

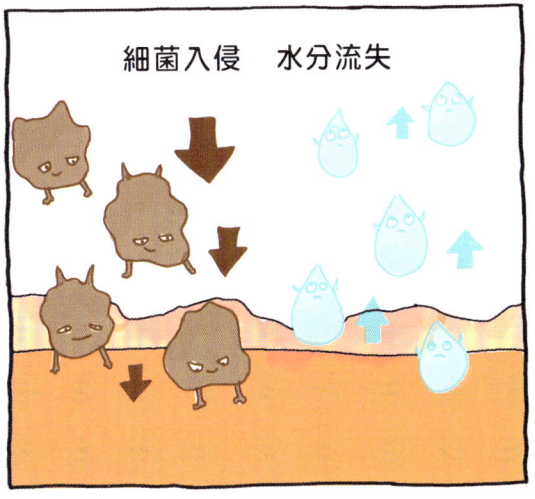

皮脂膜　　　受傷的皮脂膜

Skin　　　Skin

細菌入侵　　水分流失

93

> 對付油的關鍵
> **正確卸妝**

Q22

白色或透明的防曬產品／素顏霜，需要卸妝嗎？

只要是含有物理防曬的成分（粉粒）就一定要卸妝，光用洗面乳是洗不掉的。

並非沒有顏色就不需要卸妝，因為除了顏色，它還是含有洗面乳洗不掉的成份。素顏霜基本上就是粉底的一種，卸妝是絕對必要的，否則容易堆積粉刺，而痘痘就在不遠處等著你了。

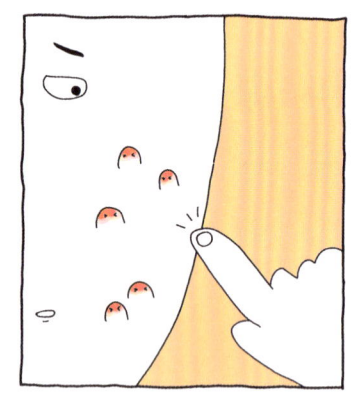

廠商常常不會寫清楚，身為消費者自己要多注意。

Q23 洗卸合一好方便？

洗卸合一不能取代真正的卸妝。

市面上有許多洗卸合一的產品，這類型產品大多不含油脂，不是用「以油溶油」的方式來卸妝，而是以強力清潔劑企圖暴力洗掉彩妝，跟真正的卸妝油比起來，卸妝的效果低很多，無法讓底妝完整溶出，長期不完整卸妝，當然就會全臉都爆發粉刺，但為什麼會有這樣的商品出現呢？還不都是為了應付消費者的「懶」啊！

一起洗卸不行嗎？

卸不乾淨，也洗不乾淨，洗卸不能都靠它，就算洗到皮膚都壞了，妝還是沒有完整脫落。

因為名稱叫做「洗卸合一」的關係，甚至有人沒有上妝還是拿來當成一般的洗面乳使用，以為這樣可以幫助自己「順便做個深層清潔」，這樣想就完蛋了！過度清潔，水分加速流失、讓肌膚的乾燥程度增加，還會對肌膚產生刺激性，所以每天拿來當洗臉產品也並不理想，最後就演變成**需要好好卸妝的人用了效果不彰，而不需要卸妝的人卻過度清潔的窘境。**

因此，卸妝與洗臉還是乖乖分開，不要偷懶，以免肌膚無法獲得最適當的潔淨，而不該卸妝的人就千萬不要選這個當成日常的洗臉用品，否則粉刺痘痘跟敏感很難獲得改善。

> 對付油的關鍵
> **正確卸妝**

洗卸合一長期使用，敏感泛紅、粉刺痘痘容易找上你！

　　對已經敏感發痘痘的人來說，更是非常不適合的選項。假設你用了洗卸兩用來當卸妝，然後又因為卸不太乾淨（像是睫毛膏、防水眼線、比較難卸的底妝）而再次用洗面乳洗臉，那就更過度清潔傷害肌膚，底妝卻還是在你的臉上。

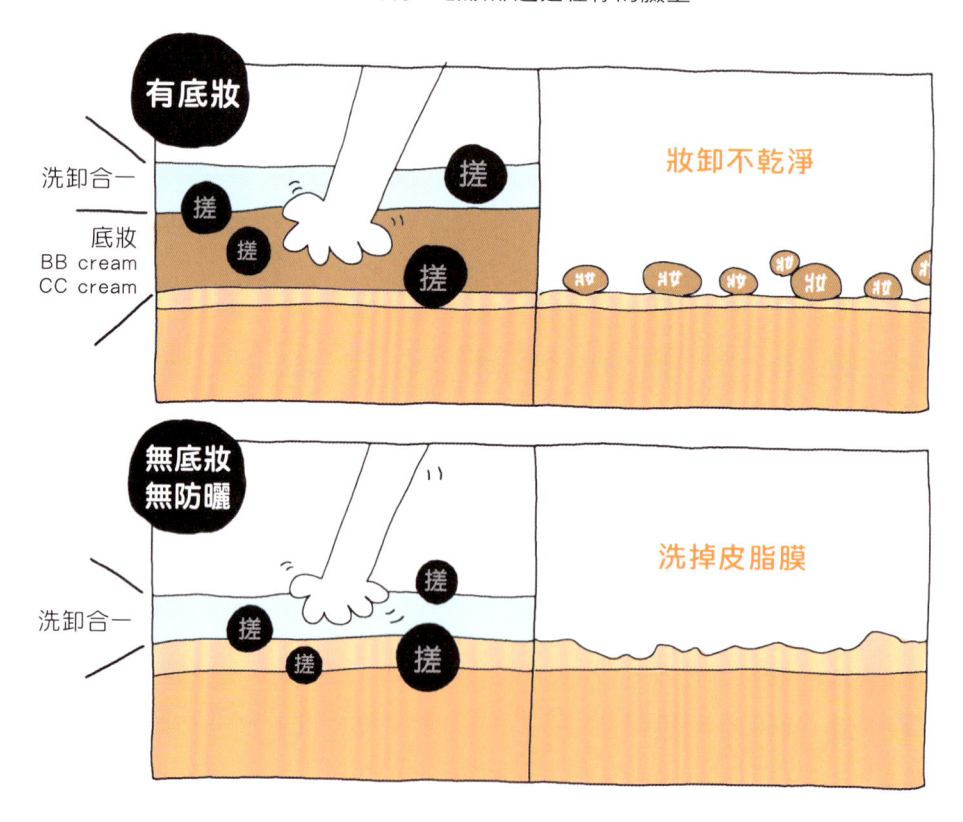

有底妝
洗卸合一
底妝 BB cream / CC cream
搓 搓 搓 搓
妝卸不乾淨

無底妝 無防曬
洗卸合一
搓 搓 搓
洗掉皮脂膜

> 該卸的沒卸掉，不該洗的被洗掉了！你的泛紅敏感粉刺肌就是這樣來的！

對付油的關鍵
正確卸妝

Q24

用卸妝巾很方便也很乾淨吧？

用擦拭法卸妝，敏弱痘痘肌絕對要避免 正常肌膚也最好少用！

卸妝洗臉很重要，但是用「安全的方法」處理才是高深的學問。我們說過不要用粗糙的毛巾來洗臉，卸妝時更是這樣。很多人喜歡用卸妝乳、卸妝液，這兩樣都是必須要仰賴化妝棉或是面紙輔助才能擦拭掉，卸妝巾也一樣，這代表你會在臉上摩擦很多次！對於一般正常膚質來說，已經不是太友善的方式，更何況是已經長了不少紅腫痘痘或是已經呈現敏感破損狀態的肌膚而言，更不是好事。

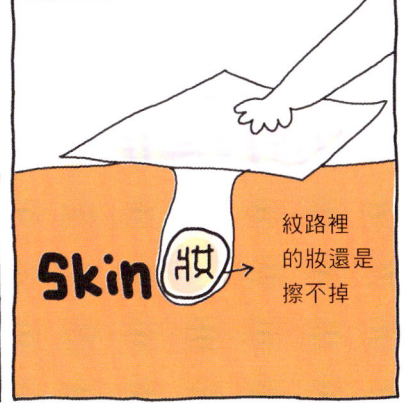

過多的摩擦對已經受傷冒痘的皮膚是很不好的，不但沒有辦法順利把妝或隔離霜從皮膚的紋路、毛孔裡溶出來，還可能因為過度擦拭讓皮膚更紅！

> 對付油的關鍵
> **正確卸妝**

Q25

我怕油，用無油卸妝水最適合了吧？

零油脂的卸妝品＝清爽＝不會致粉刺？
大錯特錯！

卸妝凝露、卸妝濕巾為什麼用了讓皮膚不舒服？他們幾乎不含油脂，沒有油脂，要怎麼溶妝？當然就是**添加替代性成分（溶劑）來幫你溶妝，這些溶劑（像是丁二醇或丙二醇），溶妝能力不比卸妝油好，經常使用，肌膚的保護膜也一起被溶壞了**，一旦皮膚受傷，細菌入侵的機會大增，摸起來缺水粗糙的情形也很常見，真的不建議經常使用，否則很可能養出動不動就發紅、萬劫不復的敏感肌膚。

無油的卸妝品，不是卸得太過頭傷害皮脂膜，就是溶妝不夠乾淨，所以，千萬不要以為不油膩才是卸妝品的最佳選擇。

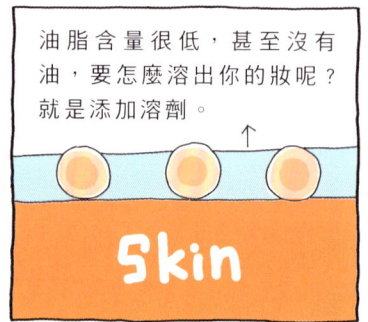

油脂含量很低，甚至沒有油，要怎麼溶出你的妝呢？就是添加溶劑。

對付油的關鍵
正確卸妝

暴力強溶妝

溶劑

受傷的皮脂膜

溶劑 / 刺激性高的乳化劑

關於很受歡迎的卸妝液

敏感痘痘肌也不適合，因為會過度摩擦讓臉更紅，殘留底妝容易讓你長更多粉刺。這類的水狀卸妝品通常是以「兩性界面活性劑」來卸妝，且一樣需要透過卸妝棉來回擦拭多次，可惜溶妝的效果不是太理想，我看過許多的泛紅痘痘肌就是這樣造就的。

需要把卸妝水丟掉嗎？

臨時卸妝

它還是比濕紙巾安全多了，沒那麼容易長菌，偶爾外出旅遊不方便完整卸妝的時候，暫時拿來弄得濕潤一點輕輕敷在臉上幾秒之後再擦掉，可以避免汗水、皮脂、殘妝讓肌膚悶得透不過氣來，但它不足以代表完整卸妝，就算擦再多次都不能取代卸妝油的溶妝效果，只適合當成「臨時清潔」，回到家還是要重新好好卸妝再洗臉。

對付油的關鍵
正確卸妝

「乳」聽起來就很溫和啊！

Q26

卸妝乳是乳狀的，應該是最溫和的吧？

只要看到滿臉都是粉刺的女生，我都會直接猜中她是用卸妝乳卸妝！

卸妝乳除了需要用擦拭的方式來卸妝之外，因為乳化劑通常不會用得太高級，刺激性高，卸妝乳含油的比例偏低，無法充分帶走妝的油脂，且已經加了水而乳化為乳狀的，溶妝的能力自然不比單純的油好。卸不乾淨又不停的摩擦破壞，擦了很多遍之後，臉上還油油悶悶的，等於是「費力耗時但成效不彰又容易過度磨損、刺激皮膚」的欠佳選擇，也因為卸妝乳擦完還是很油膩，你得用洗面乳洗個兩三遍才能解膩。

卸妝乳不像你想像中的溫和

含油量低

已乳化

難以溶妝
容易殘留

妝　妝　妝

對付油的關鍵
正確卸妝

Q27
我只是淡妝，用卸妝油會「太強」嗎？

完全不會，卸妝最溫和又乾淨的還是卸妝油

卸妝跟洗臉一樣，都該以溫和又乾淨為最高原則。真正太強、太刺激、太過度的，是「有機溶劑」，而不是「油」。

一罐卸妝品想要有好的去妝能力，又不想添加油，那就免不了添加刺激度或毒性相對高的「溶劑」來取代，想像一下卸指甲油的去光水，超清爽又可以強力除去指甲油，但卸完指甲就像掉了一層膜，受損且無光澤，表面上無油，結果反而對肌膚更刺激、去脂力更強、皮膚更覺乾澀。

你也可以試試看，用兩滴卸妝油來溶化你家廚房的油垢，溫和且不必戴手套。但你若是用水狀清潔劑去洗刷油垢，你就一定得戴手套，因為真的會傷手。

對付油的關鍵
正確卸妝

所以卸妝油並不如你想像中的強（強＝傷皮膚的意思），而是溶妝力夠好又比溶劑溫和。大家如此害怕卸妝油，實在很冤枉！矯正諮詢者的卸妝認知、建議他們大膽使用優良的卸妝油卸妝後，他們的臉跟我一樣，漸漸不堆粉刺了、全好了，也變成好的卸妝油的擁護者，它甚至勘稱目前「溫和又乾淨」的第一名。（卸妝乳、卸妝水、卸妝凝露、卸妝凝膠都沒它溶妝力好）。

比較建議的作法：改用純度高的卸妝油，而且用量要足夠，要多用一點的量，才能夠在手跟臉之間形成一個按摩的緩衝，卸妝油的好處就是比卸妝乳或是卸妝液還要快溶掉臉上的妝，你實際用的時程縮短之外，加上水乳化之後，它會轉變成「比卸妝乳還要清的白色水狀」，多沖洗幾次乳化完成，就能順利帶走臉上的油及妝，洗臉也就不需要洗得太辛苦。

油脂含量越高，溶妝能力越好、越乾淨
卸妝油溶妝快，不用按摩太久，不會摩擦皮膚，刺激性很低

對付油的關鍵
正確卸妝

別再說卸妝油會太強了！
研發製造者才知道，其實它最不傷皮膚。

　　多年來我已鮮少使用粉底，每天只擦純物理性隔離防曬霜＋蜜粉，也就是大家認知的淡妝，接著每晚使用純度高的卸妝油卸妝，肌膚狀態一直都保持得很好，也沒有大發粉刺痘痘。我知道你或許很害怕卸妝油，覺得自己過去曾因為它而長痘痘。事實上，就算是相對卸得比較乾淨的卸妝油，都還是有高低品質之分的。挑到好的卸妝油需要運氣，但怎麼樣都比其他類別含油量偏低的卸妝品乾淨，這部分我們通常會協助你來選對。

以油溶油

I do!　　我帶你走

妝的油　　卸妝油

對付油的關鍵
正確卸妝

一直以來，各界都有「用卸妝油會致痘」的說法，所以坊間向來都流傳著「痘痘肌不要用卸妝油」的傳說，但實際情況真是這樣嗎？從製造者與原料特性的角度來看，卸妝油其實是被妖魔化了！

只要懂得選擇，卸妝油還是最溫和不傷皮膚的選擇。

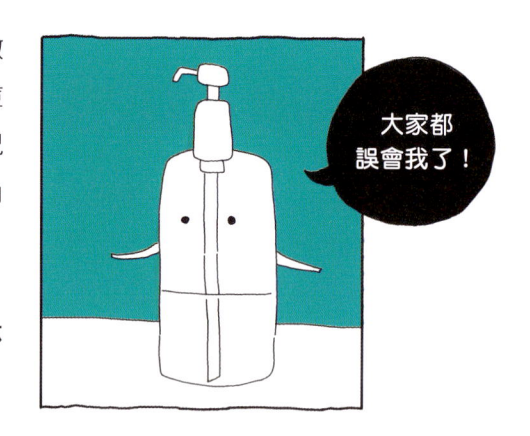

大家都誤會我了！

Q28

坊間為何會有「卸妝油容易致痘」的江湖傳聞呢？

某些選用的油品質不佳

很多廠商為了壓低成本，會選擇較為便宜的油品，油質差的油品主要疑慮在於純度不夠、雜質過多，因此刺激性高，過度殘留在臉上時，就會有致痘可能。此外，純度太差的油，也會影響溶妝的能力，也是導致卸不乾淨的原因之一。

油的品質決定了是否殘留

乳化劑的品質不佳

乳化劑在化妝品製造過程中，是不可或缺又扮演極重要角色的一員，且種類繁多，成本高低自然也差異甚大。

> 對付油的關鍵
> **正確卸妝**

乳化劑即是一種界面活性劑，或多或少都有刺激性，且通常會與價格成反比，而卸妝油中的乳化劑佔比不低，為了節省成本的廠商，當然會盡量選擇價廉但刺激性高的。這情況並非只發生在卸妝油，卸妝乳更是如此，所以從乳化劑的角度來看，卸妝乳反而是所有卸妝品中刺激性最高的。

乳化劑的品質決定了卸妝品的溫和程度

油與乳化劑的比例出錯

一份乳化劑能抓幾份的油跟幾份的水，是有一定的比例的，乳化劑與油的比例如果出錯，就很容易產生乳化不全或是乳化劑過多殘留的問題。一般來說這比例不難抓，但為何這問題還是很常見？最主要是因為「臉上原本就會有油，彩妝品中也含有大量的油」，而比較沒經驗的研發就很容易忽略這一塊，造成卸妝油容易乳化不全。

油與乳化劑的比例決定了卸妝的乾淨程度

使用方式錯誤

卸妝油需要先按摩溶妝再加水乳化，最後用大量清水沖洗，每個階段的時間、以及手上的力道，都會影響到卸妝的效果。在我的經驗中，沒有人教導的情況下，能正確使用卸妝油的比例不到兩成，也無怪乎會有這麼多用卸妝油用出問題的案例了。後面我將會一步一步你如何正確使卸妝油。

用錯方法，再好的卸妝品也無用！

對付油的關鍵
正確卸妝

前面提到的幾點，都跟一個現象有關，也就是「殘留」。
到底殘留了什麼會造成致痘？

沒被卸乾淨的殘妝：因為卸妝油的品質不佳，或是使用方式錯誤所導致。
油脂：因乳化劑的比例太少，或是使用方式錯誤所導致。
乳化劑：因乳化劑的比例過高所導致。
雜質：純度太差的油品、劣質的乳化劑、不乾淨的水、廉價的防腐劑、甚至是清潔不當的容器，都有可能導致。

因此，要能確保安全的使用卸妝油，除了卸妝油的品質要夠好以外，使用方式也是非常重要的，兩者缺一不可。既然卸妝油用起來有這麼多的麻煩，用得不好還有高風險，那為何還要推薦使用卸妝油？

因為正確使用卸妝油
才是最安全無虞的卸妝方式！

對付油的關鍵
正確卸妝

Q29

聽說油性皮膚不能用卸妝油？或是淡妝不需要用到卸妝油？

錯！油性皮膚更應該要用卸妝油，濃妝、淡妝根本沒差。

以我個人使用了將近二十年的卸妝油經驗來說，好的卸妝產品首先就是要不刺激皮膚且卸妝能力夠好。坊間會有「淡妝不需要用到卸妝油」這種不正確的說法，是因為大家以為卸妝油太強烈，但我們剛才已經解釋過，油沒有甚麼刺激性，不管是濃妝淡妝都適用，尤其是你以為你擦得很淡，但其實那種貼合在肌膚上的防曬或是底妝才是最難卸除的，更應該要使用輕易就能溶妝的卸妝油來處理，而不是採取看似清爽的溶劑來替代否則，反而容易傷害皮膚。

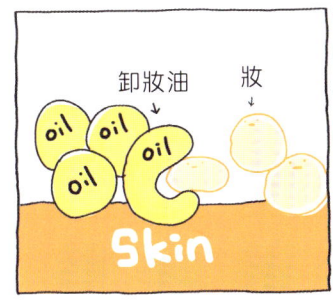

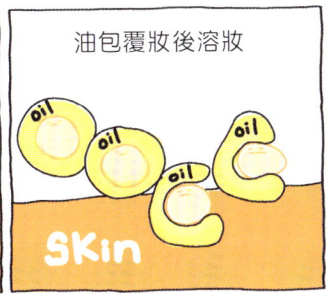

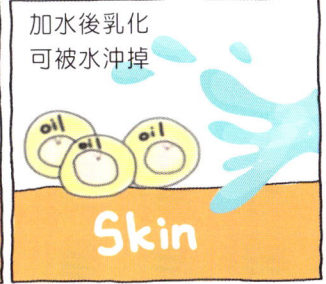

卸妝油　妝	油包覆妝後溶妝	加水後乳化可被水沖掉
Skin	Skin	Skin

油性皮膚不能用卸妝油要用卸妝乳，也是一個非常沒有根據的錯誤觀點，卸妝乳卸不乾淨讓你的底妝殘留度很高之外，卸妝乳本身也很難被洗面乳洗掉，不像卸妝油那麼容易加水乳化之後就剩下輕微的油膩感，只要你使用了卸妝乳，長粉刺或是全臉都發紅的機率比用卸妝油還要高出很多倍！

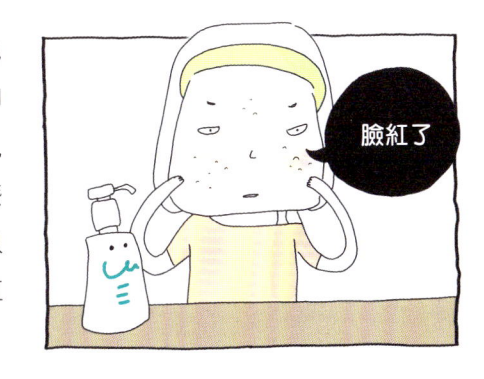

臉紅了

107

> 對付油的關鍵
> **正確卸妝**

Q30 植物油最好嗎？

這是種迷思，其實礦物油比較清爽好洗掉

油品主要分為三大類，「植物油」、「礦物油」、「合成脂」。

植物油聽起來好像很天然，所以一般而言比較廣受消費者歡迎，但從油品的特性來看，植物油其實最不穩定，相較於另兩者，**植物油較容易氧化酸敗，且觸感較為油膩**，再加上製作過程不易提昇純度，其實並不是作為卸妝油的好選擇。

合成脂的穩定度與觸感通常最佳，但便宜的合成脂卻也多半伴隨著較高的刺激性。且因為是「人工合成的油脂」，一般比較不易為消費者所接受。

礦物油的各項特性介於兩者之間，所以除了某些刻意要強調自己用植物油的廠商以外，礦物油會是最好的選擇。

近年來由於研發技術與製程的進步，較好的卸妝油通常不是採用單一油品，而是以礦物油為主要基底，搭配部分植物油或合成脂，混合出更適合作為卸妝油的油品。

對付油的關鍵
正確卸妝

卸妝品的比較

卸妝水／液 △

使用的是兩性界面活性劑，需擦拭全臉後才能卸除底妝。不適合敏感痘痘肌膚，因為油脂含量低，較無法徹底卸除底妝，偶爾可用，或當做臨時清潔尚可，若長期依賴，恐引起敏感痘痘等問題。

卸妝濕巾 ✗

以溶劑為主軸，對肌膚的溫和度不足，容易連帶影響皮脂膜摩擦過度也會引起肌膚受損，偶爾用一次，不建議當日常卸妝用。

卸妝凝膠或發熱溫感卸妝凝膠 ✗

若採用溶劑來卸妝，容易引起敏感刺激等問題，不建議經常使用。溫感發熱卸妝凝膠會發熱主要是添加了高濃度的甘油，甘油並非油脂，接觸肌膚的水分之後就會產生發熱的效應，但對於卸妝來說幫助不大，其卸妝仍然是以溶劑為主軸，溶妝能力不理想，刺激性也高，容易造成卸不乾淨而引發粉刺堆積或敏感的問題。

卸妝乳 ✗

含油量比卸妝油低，已經呈現乳化狀態，溶妝能力比卸妝油遜色許多，且需多次擦拭，容易磨損肌膚。

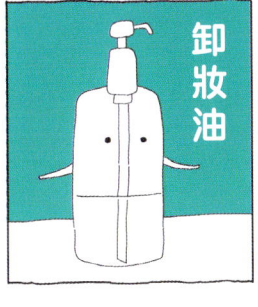

卸妝油 ◎

溶妝快，乳化快，好沖淨，洗後殘留油感低，只要選擇到純度高的款式，以實際面來說，它真的最優秀。

對付油的關鍵
正確卸妝

想起我的畢業旅行

只剩你還沒洗澡哦！

好，我再等一下。

滿臉痘痘，怎麼可以卸妝！

趁著大家都睡了快去卸妝

長時間戴妝，
痘痘好像又多了點
沒剩多少時間睡覺了
5:30 am
該起來了！
趕快去化妝
我再也不要回到
以前那種生活了！
延緩卸妝，
會將痘菌餵養得更肥大
一起來學學正確的
卸妝方法吧！

> 案例
>
> **香港女生 Erica**
> 熱愛旅遊的香港女生，以前出去旅遊都不敢卸妝，現在臉全好了，完全沒有這種顧慮了！

快節奏生活壓力＋保養不當，讓我臉上痘痘大爆發

香港是一座非常繁華、忙碌的都市，每個人都腳步急促，無時無刻都在追求「快」！香港人處處強調高效率，工作上爭分奪秒，不眠不休都成了一種理所當然，這樣的「港式生活」壓力一直包圍著我。大學時期，我忙著努力應付考試、認真參與實習。畢業後，我進入了一間會計師事務所，超時工作，作息顛倒、喝水量少成了常態。痘痘，就這樣在壓力的催逼下，一觸即發。

升上大學後，開始使用化妝產品（BB cream），但對卸妝一知半解，以為多洗兩次臉或單靠卸妝水就能徹底清除化妝品。每天上妝的關係，皮膚狀況急轉直下，有很多小顆粒，摸起來凸凸的。

擠掉痘痘，原來是最殘暴的手段

原本每天的護膚程序是：洗臉＞化妝水＞精華液＞乳霜，早上會擦防曬和少量粉底液。皮膚狀況一向不太理想，從小就會有痘痘問題。從前偶爾冒一兩顆，最嚴重也只是四五顆。因為這樣，我一向重視保養，喜歡留意並購買不同的保養品作嘗試。但也許試了太多不合自己膚況的產品，在不斷的替換中，我的臉變得非常敏感，原有的粉刺、痘痘仍然停留在臉上沒有任何動靜，當時本能反應就是「擠掉」！先是自己坐在鏡子前擠，後來被朋友介紹去美容中心讓別人幫忙擠。擠壓過程中，固然爽快，可貪圖了一時痛快之後呢？等待我的，是需要長時間修復的痘疤，痘痘也越來越多，多到連鏡子都不敢直視。

我的臉為什麼好不了？終於得到答案！

滿臉痘痘的我，感到無助卻不敢問身邊皮膚都很好的朋友們，只好偷偷上網搜尋關鍵字求救。在鍵盤上，敲下有關痘痘的字詞，彈出了排山倒海的標題。順著滑鼠一直往下拉，我被一個部落格吸引，好奇地點進去，原來是一個台灣男生所分享的抗痘血淚史。仔細閱讀後，我發現男生的肌膚好轉和一位叫ELSA的作家息息相關。緊接著，我就買了那本部落客推薦的保養書，看完後主動和IELSA在臉書上展開線上諮詢，過去的困惑，終於都得到了合理的解答。

用堅持撐過了難熬的爆發期

　　這是我一開始找ELSA做線上諮詢時的照片，當時ELSA已經預告我接下來會有更恐怖的爆痘期，因為這些滿滿的白頭粉刺都是細菌在裡面，不爆出來是不太可能會好的！但最重要的就是－不能擠！這段期間我參加了ELSA在香港舉辦的保養講座，好轉之後，我也曾經來台灣讓ELSA親眼看看我的轉變！

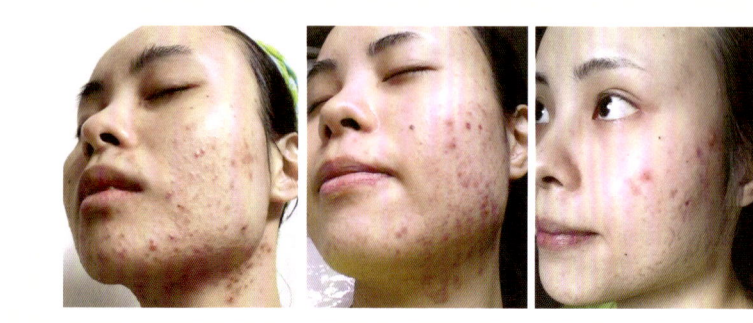

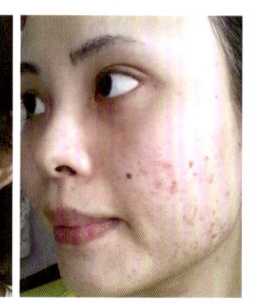

　　進入「爆痘期」，難免引起身邊人的「問候」。家人質問：「怎麼認真保養後，痘痘反而越冒越多？不如先停吧！去看看中醫還比較快好！」半年不見的朋友，見面時都會不自然地用異樣的眼光「注視」我的臉；甚至有次坐公車時，一個陌生的中年阿姨不斷向我推銷健康食品，心情真的很受影響！

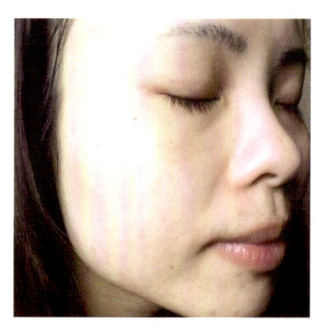

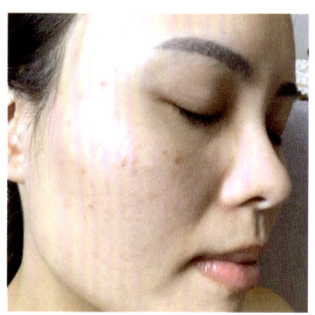

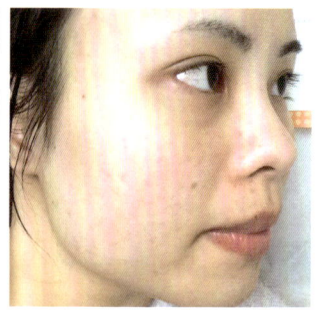

　　雖然這段時間沒有人看見我的臉正有改善，但我是有看到的，ELSA 也有看到，一直用心地指導我，陪伴我。所以，我告訴自己無論如何都要堅持下去。鼓起勇氣，對身邊人說：「我快好了，撐過這一陣子就好了！」

從前，我總是被市面上各式各樣的保養品廣告牽引，搖擺不定地去嘗試新東西。這一次，我學會「堅持」，用「堅持」來打敗「灰心」，來推動自己進步，重新贏得一臉好皮膚。現在我的臉好多了，而其他抗痘的人也加油！

Erica當初的NG保養

NG 保濕精華液，一滴擦全臉

ELSA老實說：關於保養品的用量，尤其是保濕類的其實是用太少了。

NG 使用BB霜、粉底液

ELSA老實說：先停止使用粉底液。雖然臉上有狀況時，真的好想要把那些討厭的瑕疵通通遮蓋起來，別讓任何人看見。但保持皮膚透氣才能真正擺脫粉刺、痘痘，所以果斷地捨棄掉粉底液，擦上了遮瑕不完美但清爽又透氣的純物理性防曬隔離霜。

NG 卸妝單靠多洗兩次臉，或只用卸妝水

ELSA老實說：改用高品質的卸妝油，才是最佳選擇。

NG 愛敷布面膜

ELSA老實說：布面膜不是給爛臉的人有痘痘時用的，改投入泥狀面膜的懷抱吧！

NG 用洗臉機

ELSA老實說：不再使用洗面機（洗臉機），不再做臉，讓自己的皮膚休息。

> 正確卸妝10大步驟

卸妝示範

因為卸妝太重要，卸妝油又是目前最溫和乾淨的選擇，
所以我們直接用卸妝油來示範該怎麼做吧！

對付油的關鍵
正確卸妝

卸妝 Step.1

保持手乾、臉乾的狀態。

臉乾！

手乾！

Don't

不要先加水

先加了水的卸妝油＝已經先被乳化的卸妝乳了，這樣溶妝的效果會剩不到一半，也就無法卸乾淨了。

117

| 對付油的關鍵
| 正確卸妝

卸妝 Step.2

倒出足量的卸妝油在手上，約滿手的量。

滿手的量

Don't

太少量
太少量的卸妝油會無法順利在臉上推動。

❗

還是不加水
若因為不好推動，就在這個步驟就擅自加水覺得比較好推，這樣卸妝油的功用就接近失效了。

對付油的關鍵
正確卸妝

卸妝 Step.3

雙手輕輕搓揉,將卸妝油佈滿整個手掌。

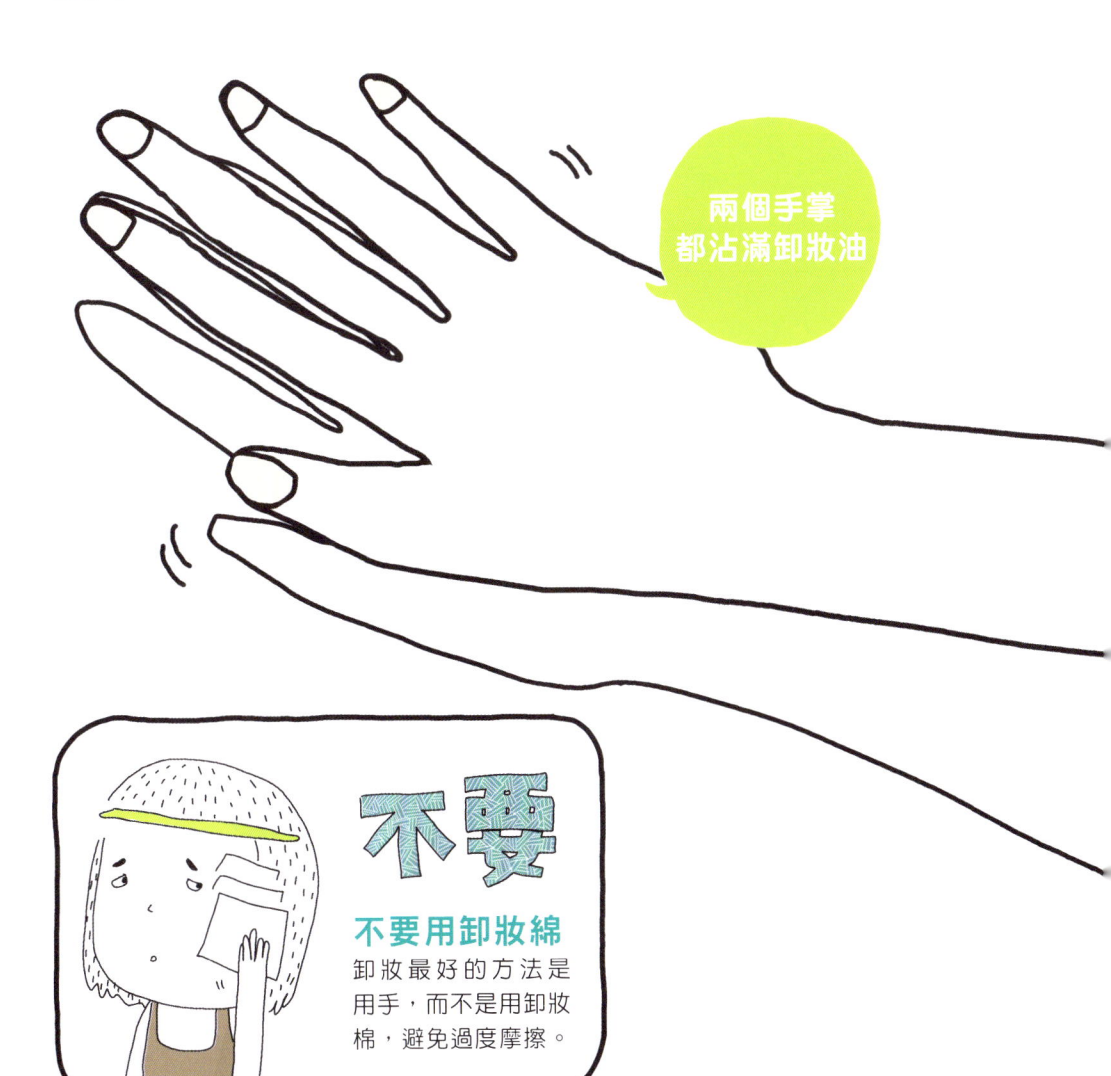

兩個手掌都沾滿卸妝油

不要

不要用卸妝綿
卸妝最好的方法是用手,而不是用卸妝綿,避免過度摩擦。

對付油的關鍵
正確卸妝

卸妝 Step.4

將卸妝油全臉均勻分布。

全臉塗抹均勻

小心
避免手上的卸妝油滴下來。

Don't
均勻分布是重點，因為你必須每個局部都卸乾淨以免產生局部痘。

對付油的關鍵
正確卸妝

卸妝 Step.5

先極小圈揉一下睫毛根部卸眼線,再左右來回10下卸睫毛膏。也可在卸全臉之前,使用眼部專用卸妝品來處理睫毛膏、眼線、眼影。未上眼妝者,可忽略此步驟。

注意:卸妝按摩或沖水的時候眼睛要緊閉,避免任何卸妝品滲入眼內引起不適。

先卸眼線

再卸睫毛膏

121

| 對付油的關鍵
| 正確卸妝

卸妝 Step.6

按摩的區域分成額頭、兩頰、腮幫子、鼻子鼻翼、眼週、下巴。
每個區域都要按摩至少20圈，不能偷懶。但全臉按摩完畢不超過2分鐘。

按照區域全臉輕按摩

每個區域各按摩至少20圈

Don't
別只在兩頰狂按摩，小心卸妝卸成關公臉！

注意
別只隨便畫個兩圈，否則粉容易卡在毛孔及皮膚的紋路溝槽內，妝需要足夠的按摩時間才能徹底被溶出。

對付油的關鍵
正確卸妝

卸妝 Step.7

乳化 分幾次加水按摩臉部，直到洗出來的水都已經是透明的，沒有任何乳白色，才是乳化完成。

加點水按摩

直到卸妝油都變乳白

不要直接用化妝綿擦掉就結束卸妝，絕對會變大痘臉。

不要

123

對付油的關鍵
正確卸妝

卸妝 Step.8

先把已經髒掉的卸妝油沖乾淨，後續使用洗面乳的時候才能用量更省、更容易洗乾淨。

沖水至少 20次

小心

卸妝按摩時不夠，沖水時間太短，洗臉才用力洗個兩三次，那樣反而是卸不乾淨又傷了肌膚。

對付油的關鍵
正確卸妝

卸妝 Step.9

等感覺不到滑膩、在臉上的覆蓋物（原本的底妝及卸妝油）都已經順利被移除，再用洗面乳洗臉。

馬上用洗面乳洗淨

Don't

卸妝後要馬上用洗面乳洗臉，別等洗頭洗澡後才洗臉喔！

| 對付油的關鍵
| 正確卸妝

卸妝 Step.10

倘若眼角、眼周還有黑黑的殘留，可用棉花棒沾一些眼霜擦掉。**未上眼妝者，可忽略此步驟。**

沾些許眼霜

.Cream.

輕輕擦掉

台中 Peggy

住在台中，過去因做臉肌膚毀壞殆盡，嘗試各種卸妝法結果更慘，最後改用ELSA建議的卸妝油，痘痘反而不長了，他說：「我對現在的臉很滿意！」

案例

人人懼怕的卸妝油
卻拯救了我

　　曾經我戴著口罩還是可以看見痘痘爬滿臉，曾經做臉擠粉刺、看中醫、西醫、腸胃科、皮膚科、各式奇怪的門診科別都掛號過了，找無原因，非常底潮。無意間看了ELSA的書我立刻聯絡了ELSA，與ELSA檢視我的每個保養、卸妝流程，才發現原來我的卸妝方式大大有問題，導致閉鎖粉刺一直蔓延，演變成滿臉痘。

　　經過抗戰後雨過天晴，皮膚似乎新生了，油光少了，臉比較光滑，上妝也比較服貼，整體膚色變均勻，沒有留下過多的痘疤及色素沉澱，我放心了，開始確信我用的方法是正確的道路：**學會怎麼照顧自己的臉**。現在對於保養我已經很拿手了，知道該怎麼辦，漸入佳境，膚況也穩定了，不再怕人問，不怕素顏也不怕光了。

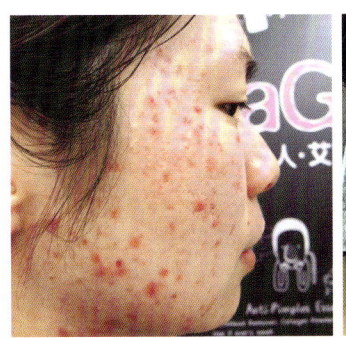

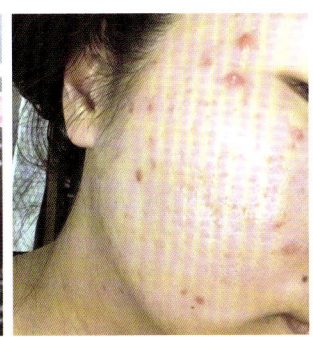

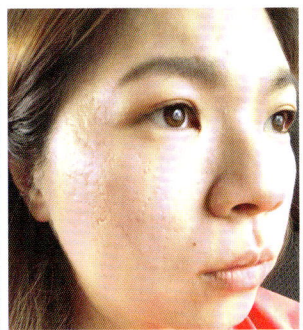

粉刺痘痘人都該有的好習慣

最重要的小事
日常吸油

天氣悶熱，加上口罩戴整天，臉紅、出油、脫妝是必然的狀態。許多人會認為回到家再卸妝洗臉就好，其實問題的發生時間都是在「起床到睡覺之間」。這段期間已經在餵養細菌吃大餐了，臉已經紅了，痘痘已經在噴發了！

所以，「日間的吸油」是最重要的小事，也是最簡單的抗痘秘方。

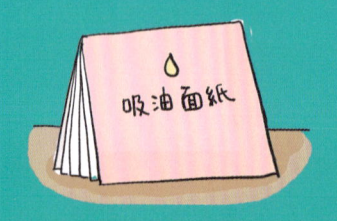

對付油的關鍵
日常吸油

白天，隨著時間過去，出油累積在臉上，開始醞釀起粉刺痘痘，晚上回到家皮膚已經變得更糟了。如果能在日間多加一個吸油的動作，整天下來，堆積的粉刺痘痘數量會差很多哦！

It's too late!

> 對付油的關鍵
> **日常吸油**

Q31

聽說吸油面紙會越吸越油！？

吸油面紙並不會讓你的臉更油。

看看右圖吸油面紙上的油光，就是你餵養痘菌吃的大餐，尤其是酒糟性皮膚，更需要好好吸油，**油脂覆蓋就會讓臉的溫度升高，只要把油吸掉，第一個發現的改變是：臉變白了！**因為油脂經過一整天接觸空氣之後會氧化成黃黃髒髒的狀態，如果又結合了底妝泛出來的油，就是細菌的溫床了。第二個會發現的就是：皮膚舒服很多！雖然不能洗臉，至少可以吸油，這件事情非同小可，容易出油的人一定要確實執行。第三個改變就是：粉刺堆積的數量減少，臉紅的狀態也會因為透氣散熱而改善許多。

> 現在，你還覺得「吸油」不重要嗎？夏天到了，每個包包裡面都應該要放吸油面紙才聰明啊！

對付油的關鍵
日常吸油

Q32
該如何正確使用吸油面紙？

1. 先平鋪肌膚表面
2. 以指腹輕輕滑過吸取油光（若有上妝，比較不會壓壞妝）
3. 兩面都可使用
4. 如果不夠就再用一張

平鋪於
肌膚表面

以指腹
輕輕滑過

可翻另一面
再使用1次

不夠可
再用一張

案例

吳冰

需要長時間戴口罩的護理人員。厚妝、口罩、汗水與油脂，形成了痘菌的溫床。

辛苦的醫護人員
厚妝＋口罩＋汗水 形成了痘菌的溫床

她的人生真的很跳tone！過去白天要在工地兼差，戴著口罩與工程帽，晚上到診所工作，口罩也是基本配備，已經習慣悶、熱、出油、流汗、溶妝。現在除了診所，小吃店，三個小孩，還有自己的菜園要照顧！因為**口罩悶熱＋底妝越遮越厚重＋卸妝不全引起全臉大爆痘**，躺在美容床上哭著被針清，後來實在太痛，又看不出成效，臉卻更紅腫而決定放棄，也曾經吃藥擦藥，但效果也是不夠明確，當時非常絕望。

吳冰來找我的時候，說自己是死馬當活馬醫，因為如此，我說的每一件事情她都照做，從此捨棄卸妝乳，非必要就不要化妝，擦了防曬，就用我幫她挑選優質的卸妝油卸妝。

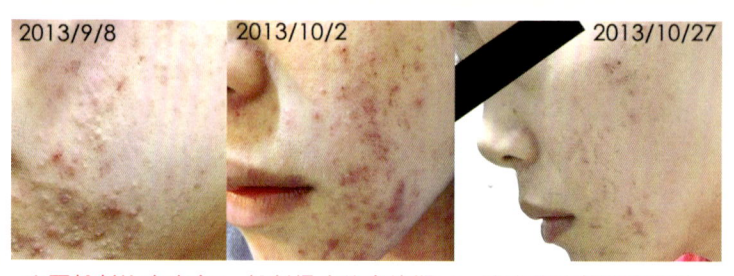

2013/9/8　2013/10/2　2013/10/27

白頭粉刺比痘痘多 ▶ 粉刺爆痘的高峰期 ▶ 許多痘痘都縮小乾了

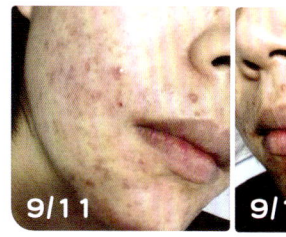

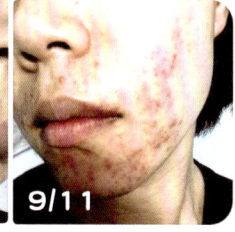

認真拍照記錄，每兩個禮拜發照片給我。

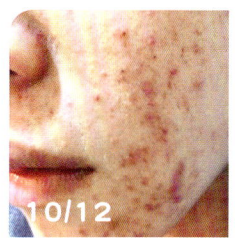

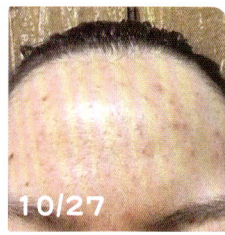

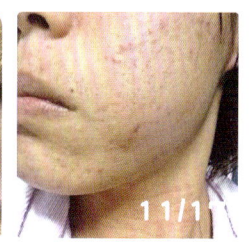

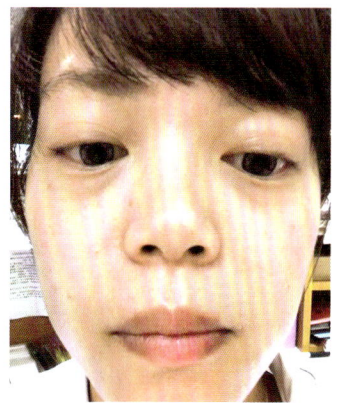

9/11　9/11
10/12　10/27　11/1

　　現在她也是三個孩子的媽媽了，偶爾遇到睡眠不足會冒一兩顆痘，也清楚知道怎麼利用保養的方式，讓它們很快消退下去。學習透過日常的保養來照顧自己的肌膚，不只是為了好轉，也為了獲得可以一輩子受用的正確保養觀。

　　她說：「我很樂於分享這一段歷程！」我最佩服她的地方就是樂觀，行動派，精力旺盛，而不是只蹲在原地不知所措。

　　保養不是只有挑一兩個用看看有沒有效果，必須要先清楚知道為什麼得這麼做、了解這些流程的原理跟意義在哪。挑對東西的差異是非常大的，而用對方法更是！

日常保養，快把控油加進去吧！

不只吸油
還要長效控油

吸油可以暫時移除臉上的油光，但是無法預防繼續冒出來的油光，所以我們得學會「超前佈署」，讓油光還沒有真正的被人看見之前，就已經從內在控制住、被吸收掉了，內外兼顧，油臉人一樣可以過著粉刺不堆積的開心日常！

對付油的關鍵
控 制 出 油

才中午
就滿臉油！

吸油面紙
一次要用好幾張……

| 對付油的關鍵
| 控 制 出 油

不懂控油,小心粉刺舊的不去,新的又來!

粉刺好像又多了好幾顆

粉刺通常不會只有一兩顆,往往一出現就已經是一整片了,這就要趕快檢討自己的清潔保養習慣是不是都正確!

新來的 剛來 New Hi! 我不走
新來的? 舊粉刺 長期住戶 我也不走

對付油的關鍵
控制出油

Oil Control

控油保養小技巧

tip1
白天外出前，先擦控油乳液

擦控油乳液可讓油在流出來前，就先被吸收掉！

外出前可以擦上長效吸油的乳液，例如含有Silica Powder（矽粉）的乳液，它就像一張隱形的吸油面紙鋪在臉上幫你在日間吸油，確實比吸油面紙更方便喔！

tip2
敷臉＋收斂毛孔

敷臉＋收斂毛孔，也可以把油光去除更多一些。

想要深層去除油垢，不是敷布面膜，而是敷具有吸付毛孔油垢效果的竹炭凍膜（最好是無染色的）、或具有吸油效果的火山礦泥面膜，也可使用含有薄荷腦的涼感凍膜來收斂你的毛孔、減少出油。優秀的涼感凍膜並不刺激，在敷了五分鐘後洗掉，仍然能持續涼好一陣子，毛孔緊縮，油光自然會比較少。

敷

> 對付油的關鍵
> 控制出油

tip3

青春油膩肌膚：擦含Zinc PCA的控油精華液
成人油膩肌膚：採用LPA成分的毛孔精華

不只是青春期油脂分泌旺盛，成人也有控油的需要。

使用**含有Zinc PCA（咯烷酮羧酸鋅）的毛孔收斂控油精華，可保濕、收斂，調節皮脂分泌量，是青春期或皮脂分泌旺盛的油膩肌膚控油的好選擇**，可以幫助降低粉刺痘痘發生的機率。

而成人的毛孔出油多半跟肌膚的毛孔鬆弛也有直接關連，建議可以**使用含Lysophosphatidic acid (LPA)成分的毛孔緊緻修護精華，可同時增加更多角質層所需的神經醯胺以及毛孔的緊密程度、減緩出油過多的問題**，LPA的成本不低，但是效果很優秀，是我個人非常推薦的毛孔修護選項。

對付油的關鍵
控制出油

tip4

利用杏仁酸精華 (Mandelic Acid)

利用杏仁酸 (Mandelic Acid) 精華，可達到收斂毛孔、降低皮脂、增加毛孔細緻度、肌膚亮白的保養效果。

不建議擦濃度太高的杏仁酸款式，因為許多人的痘痘敏感現象已經相當嚴重，居家日常保養又用了濃度太高的酸類保養品會發生刺激發紅、脫皮等現象，這樣對痘痘肌膚來說更不利。建議低濃度的就可以了，最好是複合式的配方，結合葡萄糖酸、乳醣酸等成分，可以一邊減緩皮脂，同時還能溫和煥膚、促進角質代謝正常、達到減少痘疤色素沈澱的淨白效果。**有些人在初期使用杏仁酸可能會覺得臉有點緊繃乾燥，這是正常的現像，只要多利用玻尿酸與神經醯胺乳液就能立即舒緩。**

tip5

睡眠美容
醒來油光不像從前那麼多

邊睡覺邊控油吧！

依據個人經驗，睡前敷蘆薈凍膜，也能防止睡眠期間過度出油，但品質要慎選輕薄好吸收的，而不是厚重悶黏的款式，否則反而悶了一夜之後痘痘會更多。

高品質的蘆薈水凝精華敷著睡

睡前敷

| 對付油的關鍵
| 控制出油

Q33

天天上妝，要如何預防粉刺痘痘失控蔓延？

首先，戒除粉底

只要是女生來做保養諮詢，我都會問：「平常有上妝的習慣嗎？」「有擦防曬嗎？」「用什麼卸妝？」因為我自己當初臉出狀況就是因為開始化妝卻不懂卸妝，粉底也塗抹得很厚，連眉毛都抹到了，一上完妝就開始瘋狂出油，卻延遲到下班回家睡覺前才開始卸妝洗臉。

當初的我也相當在意自己的痘痘跟痘疤，各大專櫃品牌的遮瑕品都買過一輪，才發現3D的凸痘是怎麼樣都遮不住的，還是把心思花在好好改善皮膚狀況才是正確的道路啊！另外，假設你很嚮往偶像劇中女主角的粉嫩光滑肌，也請清醒點，私下導演們透露：事實上他們都是擦了好多層底妝、拍攝時打了燈、加了柔焦鏡的成果，本人痘痘也是很多，聽到這裡是不是幻滅了呢？**經常用粉底上妝，是真的很容易引發痘痘危機的，趕快戒除吧！**

戒了吧！

對付油的關鍵
控制出油

你的底妝上了幾層？

| Step1 先擦保養品 | Step2 然後擦CC霜 | Step3 防曬乳 |
| Step4 粉底液 | Step5 遮瑕膏 | Step6 最後是蜜粉 |

妝太多層，難怪大出油

網路上很多人都是這麼教的……

對付油的關鍵
控制出油

粉刺痘痘最喜歡的環境

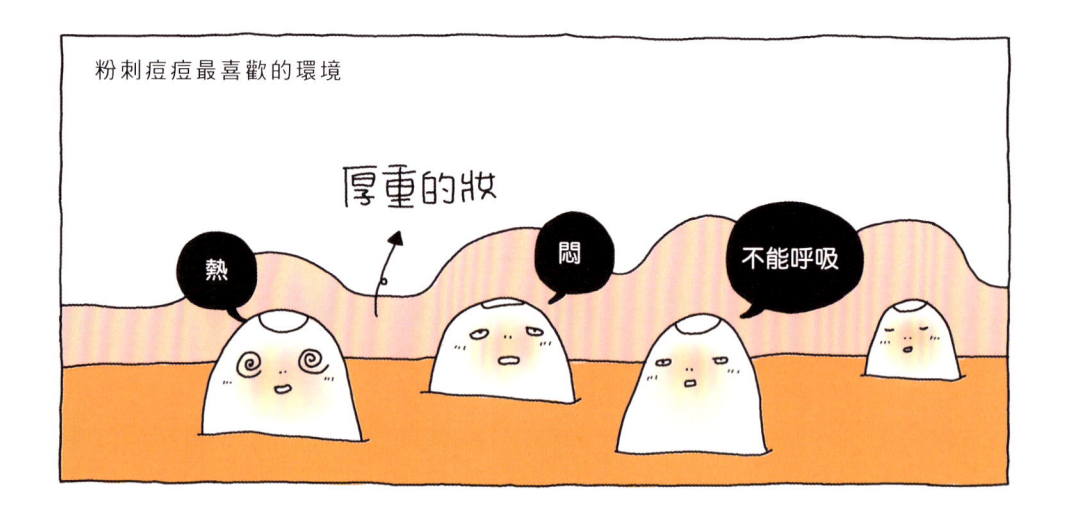

厚重的妝

熱　悶　不能呼吸

　　厚重的妝並不能遮蓋痘痘突出的地方，連好的地方都會受到悶熱油膩覆蓋，本來沒事的地方也會變得有事，那你的臉差不多就要體無完膚了吧！？

　　痘菌（厭氧菌）最喜歡的環境就是油膩、悶熱的環境，而且他們討厭氧氣，喜歡缺氧的環境。如果你用這麼多層底妝蓋住皮膚，不就正好營造了「缺氧」的環境嗎？

喜歡油膩　討厭氧氣　喜歡悶熱

對付油的關鍵
控制出油

層層堆疊的厚重底妝＝快速出油＝餵養痘菌。如果回家太晚卸妝或是卸不乾淨，問題會是雙倍嚴重。

> 我喜歡！

> 打電話叫朋友來

Q34

如果我偶爾需要使用粉底怎麼辦？

第一要務就是「妝要薄」

底妝的厚薄度也決定了發痘的機率，最好是採取「少量多次且均勻塗抹」以及「不要劇烈改變膚色」的原則，才能減輕肌膚的負擔。

妝如果太厚，早上剛畫好妝的時候，可能是乾爽粉嫩的。可是到中午，臉就開始出油了。晚上回到家，更是慘不忍睹。

8:00AM　12:00PM　9:00PM

對付油的關鍵
控制出油

Q35

隔離霜跟粉底有什麼不同？

粉底遮蓋度比較好，但出油的速度會比只擦物理防曬隔離霜還快。

　　它們設計的目的不同。粉底通常比隔離霜的遮瑕度高，可劇烈明顯改變膚色，以色料為主。而隔離霜通常分成有防曬能力跟沒有防曬功能這兩種。有防曬能力的，又分為化學防曬跟物理防曬，或者化學混物理。目的是隔絕或者吸收紫外線，有的會添加一些潤色成分，但不會像粉底所加得顏料那麼厚重，卸妝時也會比粉底好卸。

　　沒有防曬功能的隔離霜，其實不需要稱為隔離霜，稱為「妝前飾底乳」會更恰當。包括妝前的提亮、修飾泛紅或是加強控油、預防脫妝、修飾毛孔。以上都稱為底妝，都需要卸妝。

對付油的關鍵
控制出油

……好難選喔。真希望他們的功能可以合併。

隔離霜　防曬　CC霜　粉底　粉餅

　　誰需要粉底？新娘妝，舞台妝，上電視的明星。誰不需要粉底？只要你不是做以上誇張表演但又重視防曬勝過遮蓋的人。

　　選擇有防曬效果的隔離霜作為日常的底妝是對肌膚很好的保護，可以避免紫外線入侵，強化防禦能力，避免光老化，又可以兼具些許潤色以及氣色提升的效果。

　　如果覺得臉上的痘疤很明顯想要遮蓋掉，也不需要整臉塗抹粉底。因為粉底通常油脂的含量不低，加上因為可以劇烈改變膚色，蓋掉瑕疵，容易引起過悶以及增高出油量。而過多的油脂覆蓋，加上本身毛孔生出的油脂，混合在一起，就是細菌最愛的溫床。痘痘細菌最喜歡的就是吃臉上臭掉的油了。該怎麼選擇，通常是看你對遮瑕的需求，以及妳是否在意肌膚的透氣跟清爽度來決定你今天要不要用粉底。

防曬＋隔離

> 對付油的關鍵
> 控制出油

毛孔堵塞、敏感、發炎冒痘的你,最好的選擇就是

純物理性的潤色防曬隔離

現在的防曬隔離霜都已經兼顧防曬、潤色、修飾毛孔的效果了。以對肌膚友善的角度出發,粉底可以不用,防曬隔離卻是必須,但很多人是反過來,不擦防曬,只擦粉底,沒有得到好的保護,卻增加了負擔,造成粉刺痘痘永遠好不了。

最好的辦法是擦清爽的純物理防曬隔離霜,搭配少許遮瑕液,局部處理就可以了,千萬不要沒事整張臉天天抹粉底。當你習慣不擦粉底的清爽感之後,某一天試試拿回來擦全臉,應該會發現:天啊!中午不到就悶出油來了,好不舒服喔!

可是我有很多痘痘、痘疤!粉底比較能遮蓋得住吧?

> tips

請放過臉上其他未長痘痘的區域

遮瑕要適度，不要大範圍塗抹。

以往我自己因為痘痘、痘疤太多，幾乎所有專櫃或是開架的遮瑕膏都買過，但是卻沒有一款足以應付所有的瑕疵，建議大家不要要求完美，只要適度的修飾就可以。

近年來也很多人喜歡使用氣墊粉餅，它其實並非傳統的乾式粉餅，而是把粉底液灌在裡面，用專屬的粉撲沾取之後像蓋印章一樣蓋在臉上，這也是一種不錯的遮瑕選擇，會比一般直接塗抹粉底更清爽，但問題就出在裡面那塊吸飽了粉底的海綿與沾過皮膚的粉撲反覆接觸，很容易把細菌窩藏在上面，建議大家偶爾使用就好，且最好勤於更換粉撲，上完氣墊粉餅，臉通常會偏油亮，不要當成是好看的光澤感就忽略了用乾的蜜粉定妝的步驟！

氣墊粉餅

對付油的關鍵
控制出油

畢竟身在台灣或是炎熱地區的朋友們實在很不適合頂著韓系的大油臉出門的。

如果要使用傳統的遮瑕品，也請局部使用就好，這種產品的設計一定會比隔離霜還要厚重些，才足以蓋掉臉上的瑕疵，若大範圍使用，就像我們先前說的，連原本好的皮膚也一起悶壞了。

遮蓋瑕疵

局部塗抹

只遮蓋有痘痘、痘疤處

遮蓋力好的遮瑕品，通常都很油膩，而且不好卸掉，一定不要大範圍塗抹，以免毛孔又開始堵塞了。請記住只需要局部點塗就可以了。

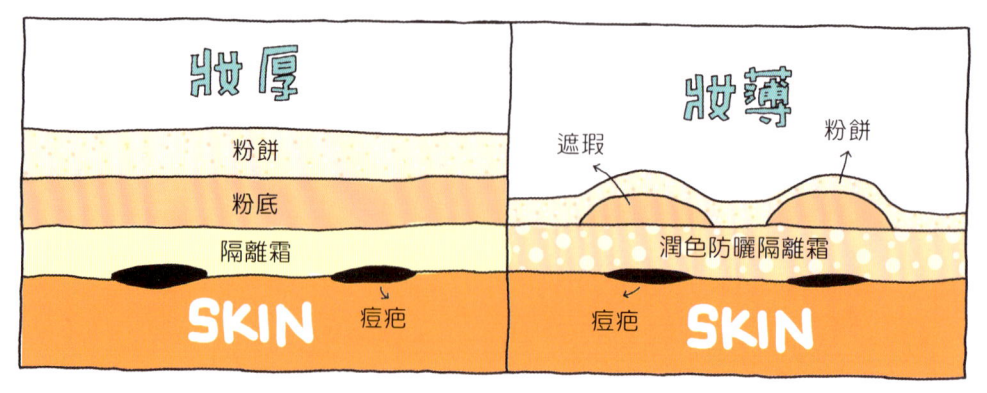

妝厚
粉餅
粉底
隔離霜
SKIN 痘疤

妝薄
遮瑕   粉餅
潤色防曬隔離霜
痘疤 SKIN

這兩個完妝之後的厚度差很多。防曬跟粉底都是全臉塗抹，而且都要有一定的厚度，才會有防曬力、遮瑕度。但你並非全臉都需要遮瑕，把好的皮膚遮住實在是不需要，會讓你連好的皮膚都開始冒粉刺，這不是很可惜嗎？

對付油的關鍵
控制出油

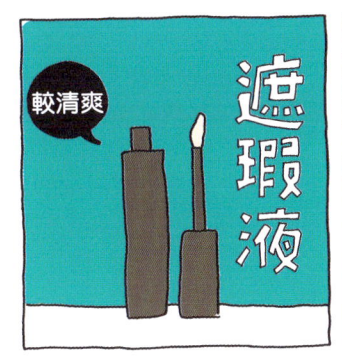

如果用手塗抹會沾取太多的量，也可改用刷子沾取少量輕點，祕訣是少量、多次，就可以讓遮蓋的部分看來自然一些。遮蓋瑕疵確實很花時間，如果想偷懶，那就不要要求遮到完美，只要適度修飾，讓自己感覺舒服、不悶不油就可以了。

tips

蜜粉不是負擔，因為粉不會讓你出油，反而能幫你吸油

別忘了用乾的粉定妝

為什麼還會感覺好快就出油、脫妝？因為你一個勁兒的往臉上擦各種霜狀、乳狀物，卻忘了用乾的粉定妝這個極為重要的步驟。**粉可以幫你吸油，能減輕肌膚快速出油而造成的悶感負擔，而不是增加負擔喔！**

定妝的意義，就是把你的肌膚表面變得乾爽一點。

對付油的關鍵
控制出油

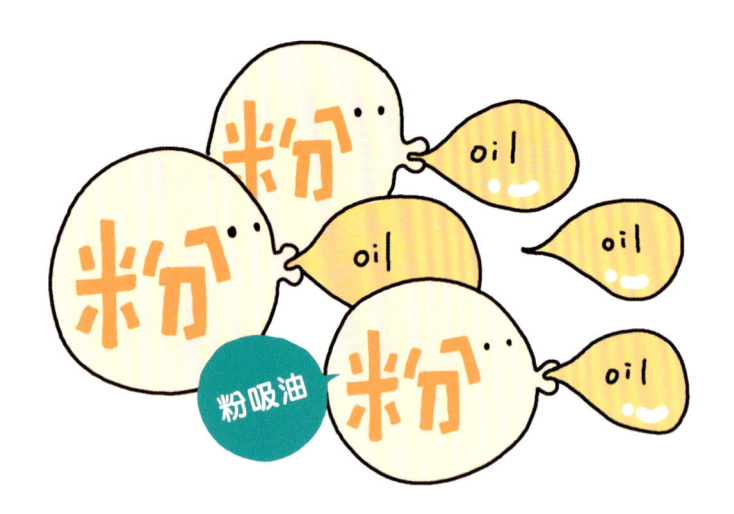

就算你單單只有擦防曬隔離霜，也應該要懂得在臉上掃一點蜜粉定妝。否則出油之後冒痘的機會會大大增加。

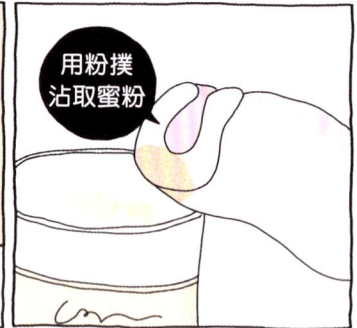

一個濕的，就要配一個乾的。

　　用乾的蜜粉定妝也許一開始不習慣，但如果擦了防曬隔離霜或是粉底後直接外出，臉上濕濕黏黏的狀態很容易讓外界的灰塵風沙順勢沾在你的臉上，所以請務必學會定妝。要擦多少呢？答案就是：摸起來臉都不黏就可以了，如果還有黏黏的感覺，就一定要補擦一些。如果你因為害怕負擔只擦極少量的碎粉，長痘痘的機率就會大增了。

接下來一起來學怎麼上防曬隔離霜吧！

上妝示範

> 正確上妝（防曬）9大步驟

簡單又快速，馬上能出門！

> 正確上妝
> 9大步驟

上妝 Step.1

擠出約一顆花生米大小的隔離霜用量就夠了。

約一顆花生米大小

正確上妝
9大步驟

上妝 Step.2

平均點16個小點在半邊臉頰上，額頭上約點8個小點，眉心、鼻頭個1、2個點。**均勻分配防曬隔離霜，完整防曬無死角。**

均勻點狀
分部於臉上

Don't

不要把隔離霜擠出來之後，就直接就往臉上抹，容易塗抹不開，讓妝不勻，還會產生屑屑。

153

正確上妝
9大步驟

上妝 Step.3

先從臉頰開始,用點＋輕拍的方式,把隔離霜快速貼合在臉上。

點、拍

NO!

不要用搓揉、畫圈、拖拉的方式塗抹,否則容易起屑,也會因過度拉扯產生皺紋。

上妝 Step.4

臉頰兩側均勻塗抹後，接著延伸到眼周、鼻翼、鼻子、下巴、額頭。記住一樣要用輕點的方式把妝推開。注意！只有純物理防曬隔離霜才能擦在眼周，化學防曬千萬不可以塗抹，以免產生刺激。

點＋拍 延伸至全臉

小心

眼周肌膚脆弱，力道要放輕，能避免細紋產生。

正確上妝
9大步驟

上妝 Step.5

檢視是否眼睛下方、鼻子兩側、嘴角的黑色陰影區都有上到妝。**潤色防曬隔離霜用得巧，就能產生瘦臉＋向上提顏的驚人修飾效果！**

檢視細節

Oh no!

這幾處沒上到妝，會讓你氣色變差且顯老。

正確上妝
9大步驟

上妝 Step.6

遇到鼻子兩側毛孔較明顯的三角區域，可多次用中指＋無名指的指腹往上勾回的方式輕輕彈來填補凹洞，讓毛孔越來越小。可以把手上剩下的隔離霜，局部點在毛孔明顯區域來特別修飾毛孔。

輕點填補毛孔

塗抹完畢往上拉提

塗抹前暗沉狀態有向下下墜的感覺

> 正確上妝
> 9大步驟

上妝 Step.7

偶爾可以利用**小指**來修飾比較細微的地方,總之,整個手都可以自由運用上去,目的是全臉都要按壓勻稱。每一根手指都可以用來做臉上的細部塗抹修飾,不要過度拍打你的臉,以免把底妝沾來沾去而弄得更花喔!

交互運用手指

Don't

千萬別用手掌心啪!啪!啪!的上妝,這樣容易把底妝反覆黏起,越來越花!

正確上妝
9大步驟

上妝 Step.8

如果手上還有隔離霜，不要浪費，趕快點在容易長斑點的區域，2次防曬！臉上有一些斑點，表示那個區域更需要加強防曬，可把手上剩下的隔離霜多按壓一點在上面。

斑點
更需要防曬

159

| 正確上妝
| 9大步驟

上妝 Step.9

最後,請用粉撲來定妝,不要用刷子。這樣才能把粉緊密貼合在肌膚上,不容易太快脫妝!

輕輕按壓

只用刷子定妝會太輕，不容易把整個防曬或是乾粉緊緊貼在肌膚上，若天氣炎熱肌膚出油了，就會把在上面的隔離霜或是粉溶出往上頂，這就是所謂的「浮粉」。

擦防曬隔離霜或是化妝最後一個步驟一定要特別注意！到底定妝的粉要用多少呢？很簡單，摸摸看沒有黏膩感就是正確的了！如果有黏膩感，就要再稍微增加一點蜜粉的用量。這個步驟相當重要，因為女生們到了夏天總是脫妝得亂七八糟，會給人髒兮兮不衛生的不良印象，學會緊緊按壓的定妝法，加上用量足夠，反而能預防快速脫妝，避免油膩感讓你長粉刺。

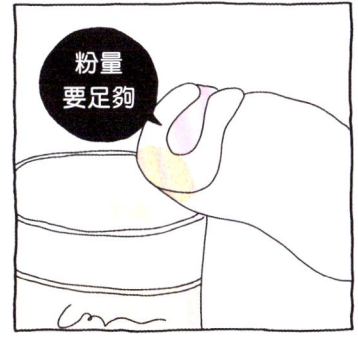

粉撲較好

刷子太輕壓不緊

粉量要足夠

一定要摸摸看自己的臉，沒有任何黏膩感才是正確的！

原來不脫妝的秘訣之一就是這個啊！

| 對付油的關鍵
| 控制出油

妝也要更新，否則會餵養更多痘菌

日間出油，請記得先吸油再補粉。

粉雖然能吸收油脂，但畢竟還是有限，皮膚還是會不斷分泌油脂，你出油都怎麼處理呢？還是任由臉油光閃閃到下班？

你知道臉上的痘痘細菌最喜歡吃的營養劑是什麼嗎？就是你臉上的油！當你的臉出油，再加上臉上的妝，你的臉就像是一塊超營養麵糊，不斷餵養痘菌，他們一邊吃，還會為了感謝你供餐，而送你一個大禮物：釋放一些讓你毛孔腫脹發炎的物質！所以你的痘痘就會越來越茂密了。

對付油的關鍵
控制出油

難怪晚上卸妝就發現：啊！今天又多了倍數成長的粉刺，或是好幾顆蓄勢待發的腫痘。

首先，你得先觀察自己經常脫妝的位置，大多數都是T字、鼻子兩側的三角區。先用吸油面紙處理一下臉上的油光（吸油面紙使用方法請見P.131）接著可以把粉餅或海綿捏起一小角，沾取約0.5公分直徑的粉餅，然後全臉用點狀的方式去「輕點」你的出油部位，而不是用「擦拭」的方法來補妝，這樣會自然得多。

對付油的關鍵
控制出油

妝前保養

2大重點：控油＋保濕

1 玻尿酸

尤其是到了夏天，保濕不足會讓妝不服貼，先擦含有大中小分子的「玻尿酸」。

2 神經醯胺

然後再擦含有「神經醯胺」鎖水成分的乳液。

3

最後抹一些含有可以吸取油光、預防出油的控油乳液在容易出油的區域，像是含有 Silica Powder 吸油粉末的。

4

接著擦防曬隔離霜。

5

最後補上蜜粉或粉餅。

不難啊～

對付油的關鍵 | 控制出油

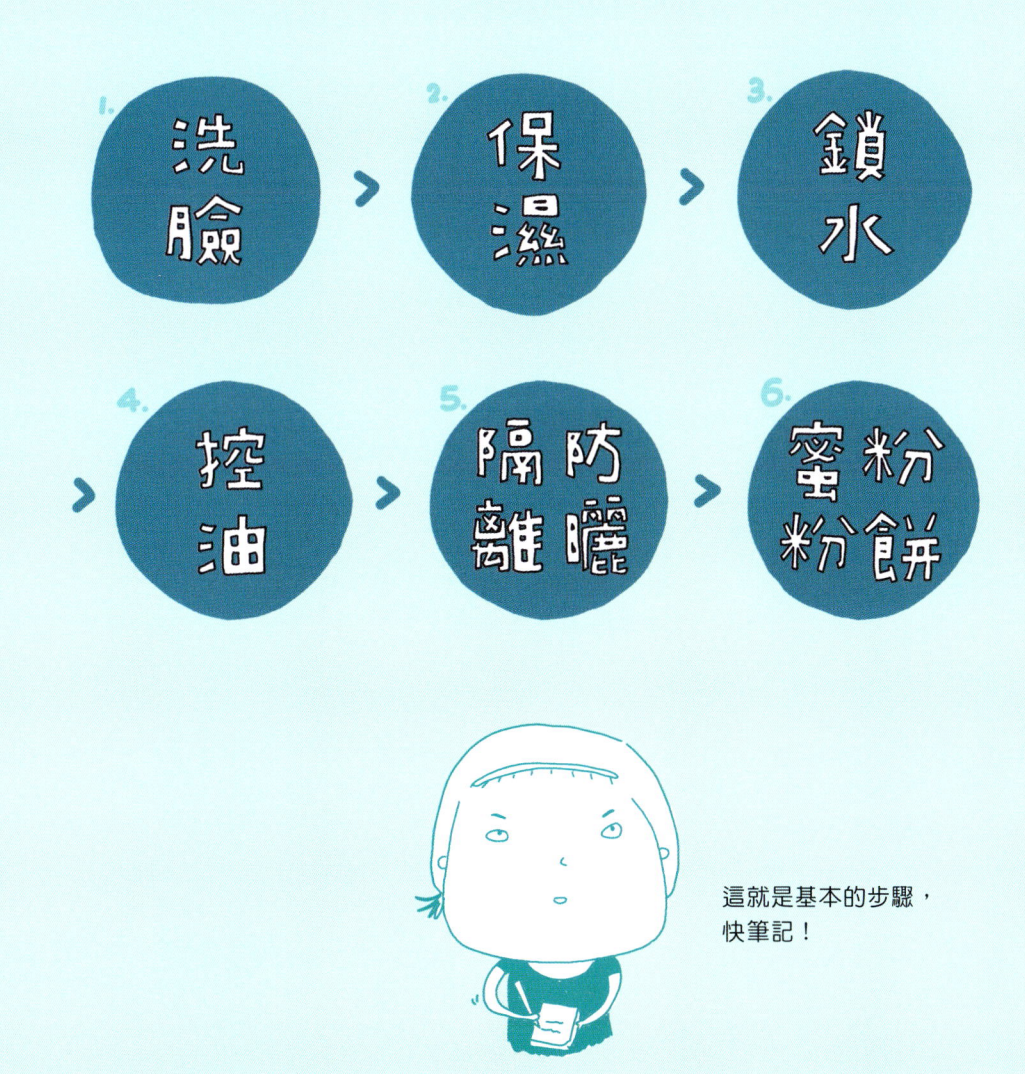

1. 洗臉 > 2. 保濕 > 3. 鎖水 >
4. 控油 > 5. 隔離防曬 > 6. 蜜粉粉餅

這就是基本的步驟，
快筆記！

Chapter 4

學會了控油,但粉刺還是卡緊緊的?
因為毛孔堵塞,除了皮脂分泌旺盛且沒有清潔乾淨之外,
還有一大半原因是因為老廢角質剝落不掉引起的,
原來我們只有懂得清除過多的皮脂是不夠的,
還有其他的功課要執行啊!

老廢角質卡關，粉刺出不來

角質代謝與更新

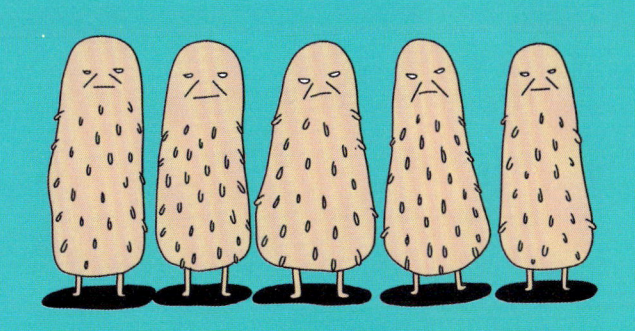

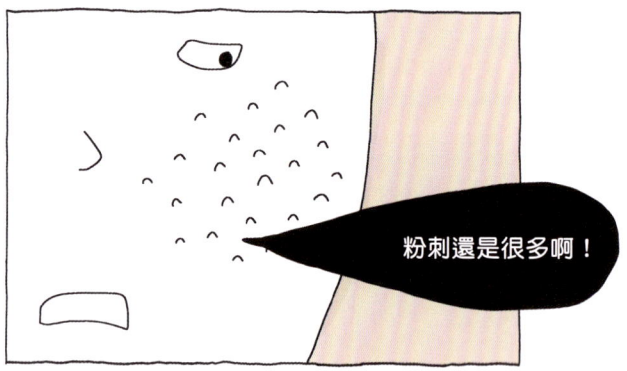

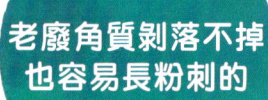

你的臉為什麼好不了？
你在護角質還是傷角質

學會了吸油

好好卸妝

好好洗臉

控油也注意了

粉刺還是很多啊！

老廢角質剝落不掉 也容易長粉刺的

老廢角質

好悶！

原本我們的老廢角質時間到了就會自己向外剝落，可是某天你發現粉刺怎麼越長越多，斑點增加、皮膚的紋路也變明顯了，肌膚看起來暗沈沒有光澤度，這就表示這個「自然剝落」的機制緩慢下來了。

Q36

引起角質剝落異常的原因？

過度曝曬、肌膚保濕度不足、缺乏運動，都有影響。

| 過度曝曬陽光 | 肌膚內部保濕度不足 | 缺乏運動 |

陽光曝曬過度，會讓肌膚的角質層啟動防禦機制而增厚、沒有透明度，含水量也跟著下降，代謝不良，粉刺會更難排出。

Q37

用搓屑凝膠去角質好嗎？

搓出來的根本不是你的老廢角質！不建議使用。

　　市面上的搓屑凝膠，搓出來的根本不是你的老廢角質喔！那只是一種魔術效果而已，還會讓肌膚感覺敏感刺痛，還是快停止使用吧！我看過許多人誤會那是老廢角質，於是拼命拿來搓臉，但其實人臉部的老廢角質沒有那麼厚重，而裡面所添加的陽離子界面活性劑，通常也不適合用在皮膚上，以免產生過多刺激，讓角質更受傷。

不是角質！

Q38

受傷的肌膚，怎麼去角質比較溫和安全？

保護它！讓它從受損的狀態恢復正常。

　　當你的臉泛紅受傷，且痘痘也又紅又腫時，先暫停一切的去角質吧！這段期間最重要的反而是「**保護它，讓它從受損的狀態恢復正常**」，這時候最重要的，就是停止傷害，用溫和的洗面乳洗臉，加強補足角質層細胞的間隙，可以多多利用神經醯胺乳液或是含有LPA成分的精華液來修護角質的緊密度，避免泛紅敏感一直發生。角質緊密，紫外線也就不那麼容易穿透而引起膠原蛋白流失，保護好皮膚，痘痘問題也會跟著越來越減輕。

第一階段：初期受傷肌膚的保養方針

補足角質層流失的神經醯胺

養育好你的皮脂膜

做好純物理防曬

第二階段：泛紅減輕，肌膚修補有成之後才能做的事

採取洗臉兼微去角質

用低濃度杏仁酸幫助角質代謝正常

敷臉選擇含有弱酸性、可溶解老廢角質的蘋果酸面膜

可以開始局部使用深層溶解粉刺的保養品

案例

新加坡
Weng Ling

身為新加坡擁有眾多粉絲的模特兒 Weng Ling，由於工作關係，每天都需要不斷上妝、卸妝，飽受折磨……

皮膚天生薄透，酸類一點都碰不得，改以角質修護為主

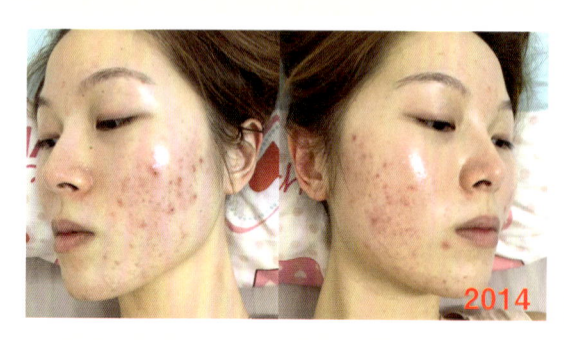

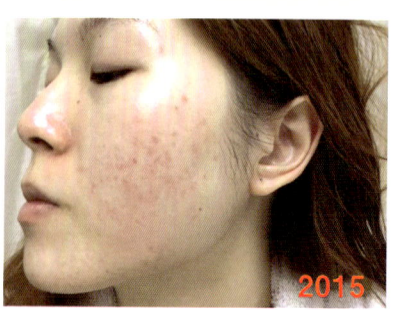

2014

2015

卸妝乳過度擦拭破壞肌膚底子

曾經誤以為卸妝乳很溫和，所以每次拍攝後都選擇用卸妝乳卸除大濃妝，於是臉頰因為過度擦拭，及卸妝乳的高刺激值，而引起了全臉皮脂膜的毀壞，接著細菌入侵，角質層也跟著受損，怎麼保濕都顯得乾燥刺痛。

在新加坡看醫生很貴，
因為臉的狀況不斷而停止了拍攝的工作

　　Weng Ling 說在新加坡看皮膚科相當昂貴，看一次就要新幣500（相當台幣破萬），她不希望自己只能繼續用藥物處理，因而透過FB線上諮詢求助，希望可以讓她重回當年白嫩零毛孔的肌膚狀態。Weng Ling說：「我有很多粉絲，如果臉好不了，我大概也只能停止當Model的工作，因為每次拍完照片，攝影師在電腦前面放大檢視都會讓我的滿臉粉刺無所遁形，太可怕了。」

　　按照一般人的想法，可能有痘痘就去角質或使用果酸換膚，但她卻因為天生皮膚薄透加上後天的毀壞，連最低濃度的杏仁酸都用不得。我們討論之後決定改採取**「角質修護策略」，把長期受損的皮脂膜跟角質層好好保養**，經過一段時間的實行，臉頰上的泛紅消退了，痘痘也減少，透過耐心的保養，恢復到人人稱羨的乾淨狀態，朋友也驚呼：「妳的臉看起來根本不像曾經受損冒痘過！」

　　Weng Ling回憶起這段坎坷的過程，連美甲師都譏笑她：「妳的毛孔好大，我連近視眼都看見了！」幸好她始終相信自己一定會好轉，而且是用最不受傷的方法好起來，這段期間給予她鼓勵的就是她的帥爸爸，所以Weng Ling說：「如果我爸爸可以出現在ELSA的書上他一定很開心！」

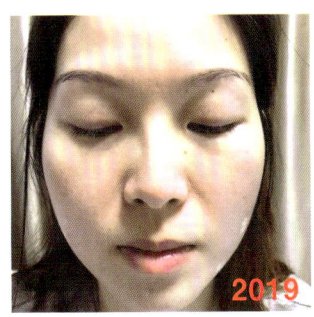

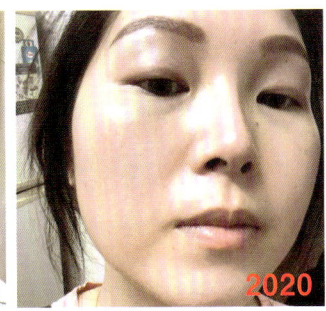

Weng Ling 的角質養護方法大公開

捨棄對肌膚刺激度高的卸妝乳，只用ELSA挑選過的優質卸妝油來卸妝

避免使用含皂鹼的洗面乳，以免過度去除油脂

把上妝的步驟簡化，捨棄粉底，只用純物理性的防曬潤色隔離霜＋蜜粉

保養首重皮脂膜修補、角質層神經醯胺補充，提昇防禦能力以及肌膚保濕度

絕對不擠痘痘粉刺

透過運動紓解壓力

不要用溫熱的水洗臉

不使用布質面膜以免肌膚過度封閉而引起敏感發癢

青春期，長第一顆痘痘就該學的正確保養觀

青少年需要家長多費心溝通，有時候爸媽說的他們不見得會願意聽，於是我在2020年暑假舉辦了青少年的免費保養小班講座，讓他們首次學習粉刺痘痘是怎麼發生的，並且實際操作正確洗臉保養的方法，甚至也教給他們上體育課之前要怎麼塗抹防曬。他們的記憶力跟學習能力都相當優秀，肌膚也因為還沒有遭受太多錯誤保養的破壞，所以好轉的速度都比一般成人快速許多！

案例

台北 Yummy

12歲的國小六年級生，由媽媽帶來找ELSA，比大人更認真的學習保養，短時間內就好了很多！

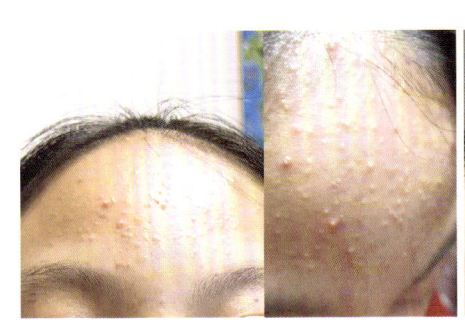

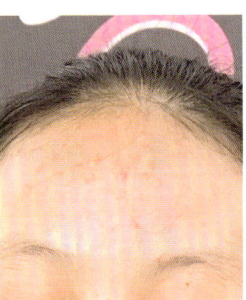

2020年3月 ▶　　2020年7月 ▶

角質護得好，肌膚沒煩惱！

你的角質層，是3隻小豬的茅草屋還是磚屋？

角質層對我們肌膚來說就像是一道牆壁，角質細胞就是牆壁的磚塊，而磚塊與磚塊之間是用水泥糊起來的，而神經醯胺、膽固醇、脂肪酸這些細胞間的脂質就像是磚牆間的水泥，把每一個磚塊都糊得緊緊的，讓角質細胞排列整齊，這道牆壁才算完整而具有保護性，能保護我們的肌膚免於受到外界物質的刺激，也可以預防內部水分散失過快。

角質層太脆弱，
就像三隻小豬故事當中大哥蓋的茅草屋一樣，
無法抵擋大野狼的破壞，
吹一口氣就把茅草屋給吹倒了！

你的臉為什麼好不了？
你在護角質還是傷角質

Q39 角質受傷，會引發什麼肌膚問題？

卡 角質更新不了 粉刺卡關

菌 細菌入侵 痘痘增多

紅 敏感泛紅

屑 缺水脫屑

斑 斑點增加

老 老化快速

現在你知道角質的健康度深深影響著你會不會長粉刺跟痘痘了吧！可以想像一下角質層（如同屋子的牆壁）如果破損，就像磚牆有了破洞，肯定阻擋不了外界的烈陽（紫外線穿透）、暴風雨、各種小偷（細菌、壞份子），家裡的東西也會被吹走（水分流失），只要肌膚的含水量下降，就會引起角質代謝不良，無法正常剝落、更新，毛孔自然就會堆積很多的粉刺，肌膚也會變得沒有透膚感，膚色暗沈，不但無法阻擋真皮層的水分往外散失，也無法自動生成角質層重要的神經醯胺，因此肌膚摸起來粗糙、甚至不斷的泛紅受損、局部明顯脫屑，也會老化得更快喔！

讓角質層健康運作，就要先好好保養避免摧殘它，也別急著塗抹高濃度果酸

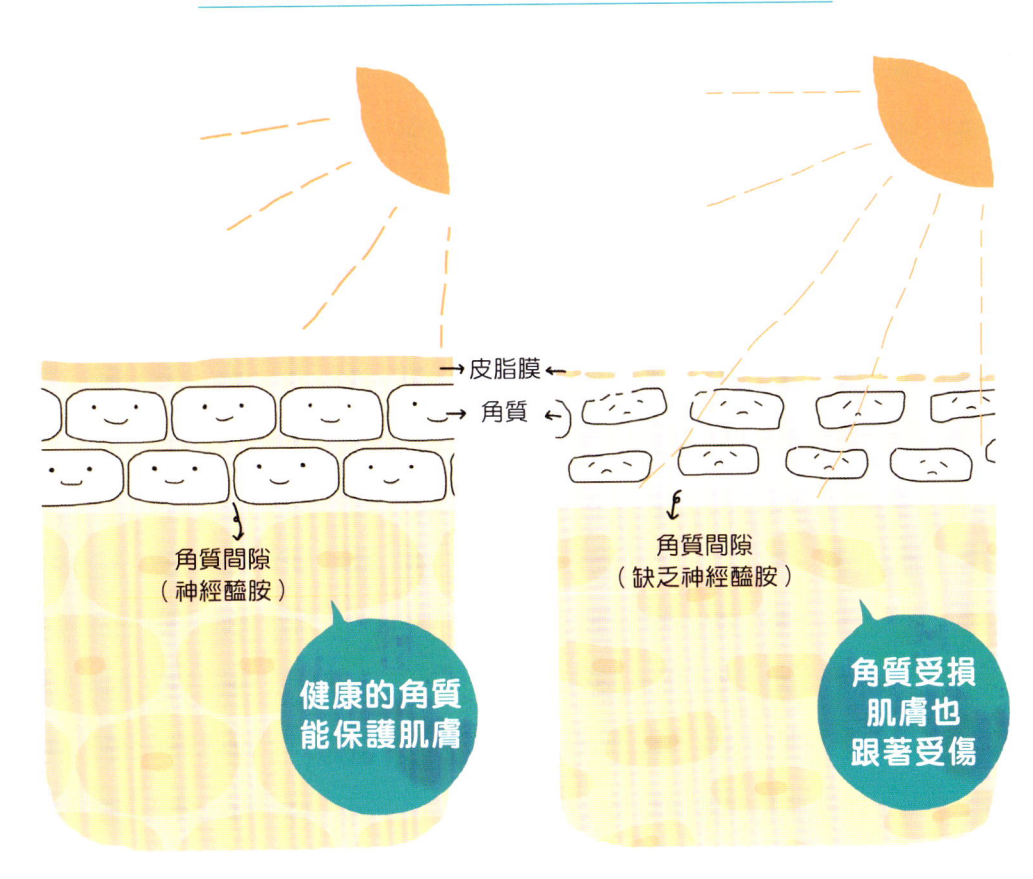

→ 皮脂膜 ←
→ 角質 ←

角質間隙
（神經醯胺）

角質間隙
（缺乏神經醯胺）

健康的角質能保護肌膚

角質受損肌膚也跟著受傷

你的臉為什麼好不了？
你在護角質還是傷角質

Q40

究竟，要怎麼保護我們的角質層（牆壁）呢？

先改善不當的保養！

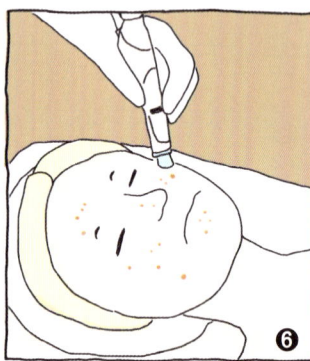

❶ ❷ ❸
❹ ❺ ❻

> 用針挑跟手擠粉刺痘痘，就是在破壞你的角質層！痘痘怎麼可能好呢？

❶ 肌膚敏感受傷時期，去角質絕對不能隨便執行。
❷ 搓屑凝膠所搓下來的白屑並非老廢角質，不建議使用。
❸ 磨砂膏並不適合滿臉痘痘或是敏感肌膚。
❹ 綠豆粉太過粗糙容易磨損肌膚。
❺ 使用低濃度酸類保養品比較理想，但還是要先把肌膚底子養好。
❻ 肌膚已經泛紅受損，就不該輕易嘗試醫美果酸換膚，也不要在還沒有經過測試之前就買濃度偏高的酸類保養品，避免再次傷害肌膚。
❼ 無法適應酸類保養品者建議先用抗敏感的精華打底且一開始不要天天使用。
❽ 肌膚敏感者也可以把酸類、幫助角質更新的保養品暫時挪後一點。

Chapter 5

你的臉上⋯⋯
痘菌在吃大餐,好菌快餓扁,
怎麼辦?你有培養好菌的概念嗎?

痘痘狀況不再反覆發生

保養新觀念
菌種平衡

保養新觀念
菌種平衡

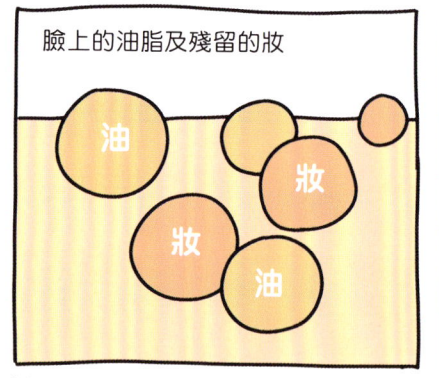

臉上的油脂及殘留的妝

油 妝 妝 油

是痘菌最愛的食物

food!

food!

food! food!

壞份子太多了！

我們已經知道**引發痘痘的細菌稱為痤瘡桿菌，它的食物來源之一就是臉上的皮脂以及各種底妝殘留的油分**，生活作息與不當的飲食習慣，也會增加皮脂分泌，天天餵痤瘡桿菌吃大餐，粉刺痘痘就在我們臉上長住了。但你知道嗎？其實**好菌也要吃食物**！

培養臉上好菌，壞菌減少，達到一個好的菌種平衡狀態

現今已經有不少研究指出，我們不該採用傳統只有抗菌、殺菌的手段，還得兼顧菌種的平衡，也就是**把我們的皮膚營造為更有利於好菌增生的良好環境，只要好菌增加，就可以抑制壞菌的過度猖獗。**

保養新觀念
菌種平衡

Q41
抗痘時期只可以擦藥，保養品都不可以用？

並不是！藥物與好的保養品並非互斥，而是相輔相成。

　　醫生常常會建議我們只擦藥，並且暫停所有的保養品，這是因為你可能剛好是因為用了不恰當的保養品而引起過敏的現象，但是沒有辦法一時之間釐清是哪一罐造成的，所以暫時都停用比較理想，但若你是因為長痘痘而用藥物處理，那麼搭配使用一些好的抗敏或保濕產品，反而可以幫助皮膚減緩藥物產生的副作用，像是乾燥脫皮，或是泛紅，也可以透過找到適合的保養品以及正確的保養方式而幫助你早日脫離對藥物的依賴。

好菌壞菌都殺光

　　有痘痘困擾的人大多擦過痘痘藥，在殺掉痘菌的同時，臉上的「好菌」可能也一併變少了，而一旦停藥，如果肌膚的環境沒有改變，痘菌也就馬上回來了，導致有很高的比例一直復發。營造一個讓好菌喜歡、壞菌討厭的肌膚環境，就可以令壞菌的影響力大幅減弱，這效果相當驚人，甚至能**「快速跨越爆發期」**。基於這樣的新觀念，我們不再鼓勵大家只擦藥卻不懂得以正確保養來輔助，而是建議採取更積極的方法，利用「菌種平衡」的概念，釜底抽薪地改變肌膚環境，讓壞菌難以滋生。

Q42 保養品的配方上，有哪些成分可以幫得上忙呢？

天然寡醣

常長痘的不穩定肌必備的每日護理 - α-Glucan 天然寡醣：為一生物技術而得的天然寡醣，除了具有長效保濕效果外，它能重建及增強皮膚的生物平衡，促進皮膚乳酸菌種生長，使皮膚之有益菌增生，增強皮膚生態以抵抗外來侵害，抑制病菌（有菌皮膚菌）生長，簡單來說，它就是一種餵養好菌吃的大餐，而剛好壞菌不愛吃它。

比杏仁酸更溫和的天然溶藻弧菌

Vibrio Alginolyticus Ferment filtrate (and) Aqua/Water (and) Butylene Glycol 天然溶藻弧菌：兼具有幫助角質更新、溫和煥膚、改善皮膚光滑度，使膚色均勻的護膚成效，這樣的成分比藥物A酸溫和許多，幫助代謝緩慢的老廢角質加速剝落，讓痘痘粉刺的問題跟著減輕，只要在配方上拿捏得當，不太會產生刺激性，算是一種舒適度很高的痘痘護膚保養法。

> 餵養好菌吃大餐，最好的方法就是找對優質的護膚品。

好菌來，壞菌不來

保養新觀念
菌種平衡

Q43

肌膚因為使用痘痘藥物而乾燥泛紅怎麼辦？

早中晚都要加強保濕，
絕對不是擦油或是厚重的霜。

像是含多分子玻尿酸、神經醯胺的保濕精華，可以減緩藥物引起的不適，也可以因為肌膚的含水量提高而讓老廢角質代謝快速一些，而不是採取以往只有用「化妝水＋乳液」的傳統保養法，因為我們現在都已經很清楚，**化妝水的保濕效果幾乎是零，而乳液多半是油脂，我們真正需要的並非「擦油」，而是玻尿酸以及神經醯胺這種細胞間的脂質**，絕對不要再傻傻的猛噴噴霧化妝水了！噴越多，脫皮的情況就越嚴重，就算擦了油膩的乳液，也無法徹底解決乾燥又出油的惱人狀況。

保養新觀念
菌種平衡

敏感痘痘肌膚的保養流程建議

❶ 使用溫和的「純」胺基酸洗面乳洗臉。
❷ 避免濕布面膜，改用泥狀面膜，並選擇不容易乾在臉上的款式，洗的時候才不會搓揉過度而泛紅。
❸ 洗臉之後先擦一些皮脂膜修護的保養品，像是含有燕麥成分的精華。
❹ 接著針對痘痘區域敷上含有Calamine Powder這種具有收斂效果的濕敷水。
❺ 塗抹含有天然寡糖及天然溶藻弧菌的精華，幫助毛孔菌種平衡，恢復毛孔健康度。
❻ 最後當然就是保濕了，快快搽上多分子玻尿酸以及神經醯胺的乳液吧！

保養新觀念
菌種平衡

Q44

這麼多步驟，皮膚會不會受不了？

不會！這樣的流程既能修護受損，
又能減輕皮膚負擔。

我們的毛孔堵塞就是需要加速角質剝落，減輕毛孔的負擔，而角質代謝不良，也跟保濕不正確有很直接的關係，當然要好好保養，就像我們每天都要喝水，幫助排便更順暢是類似的道理喔！

記得用適合的保養品

案例

台北 陳宜旻

從國三到大三痘痘沒停過，幸好大三那年遇到了ELSA，臉不再泛紅、長痘痘。

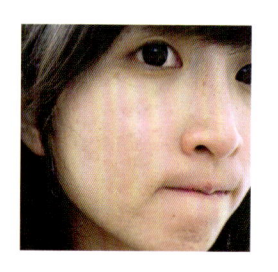

打針、吃藥、擦藥
無限輪迴痛苦的過程

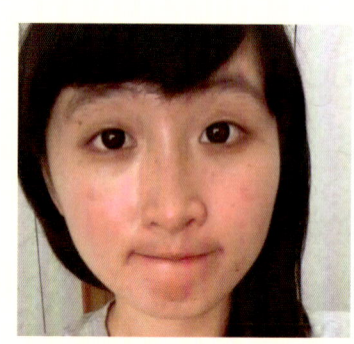

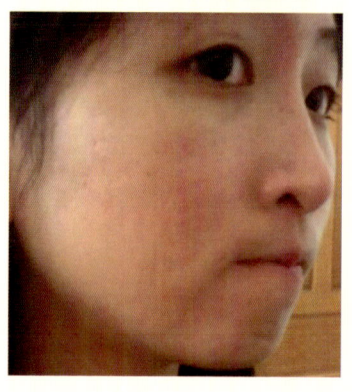

還記得我是從國三開始長痘痘的，那時候痘痘只有幾顆而已，因為沒很嚴重所以沒有特別在意，升高中後因為壓力太大一直冒痘痘，家人看我臉上長滿了痘痘也很心急，所以就帶我去看皮膚科，那間皮膚科是以果酸換膚為主要治療方式，搭配吃藥、抹藥，就這樣看了一兩年。

這段時間我發現做果酸換膚後，皮膚會變薄、容易泛紅、痘痘粉刺有稍微改善但是沒有全好，所以家人又帶我去看了別間皮膚科，還試了很多其他方法：中醫、抗痘洗面乳、痘痘貼，我都試過了，都沒效。

升大學後，臉一直都還是有大痘痘及嚴重泛紅，那時很自卑不敢照鏡子、拍照，也聽到了很多閒言閒語，比如：「你怎麼滿臉都是痘痘阿？」「你的臉到底什麼時候會好？」經常獨自偷哭，覺得沒有人

會喜歡我，最後呈現放棄狀態。我試圖努力讓自己開朗，卻不知不覺變得尖銳；我努力裝做無所謂，心裡卻有揮散不去的陰影。我不知道到底什麼時候會好？說不定一輩子就這樣了吧⋯⋯

而到了大三皮膚狀況依舊嚴重，吃A酸、擦藥、有大痘痘的話還要打針，就這樣打針、吃藥、擦藥無限輪迴，很痛苦。

直到某一天去逛書店無意間看到ELSA的書，加了ELSA的FaceBook，傳照片做諮詢，那時候沒擦保養品只有吃藥與擦藥，ELSA看了照片之後給了我保養的建議，因為我很在乎我的皮膚，很想好起來，所以很認真聽ELSA的建議：**「培養健康的皮脂膜跟讓好菌增多」**，一步一步地慢慢來，就這樣已經5年多了，我的皮膚開始慢慢變得健康，泛紅一日日消退，粉刺大痘痘也隨著減少，到今天都一直維持得很健康，臉很久沒有泛紅了，也不需要吃藥擦藥！

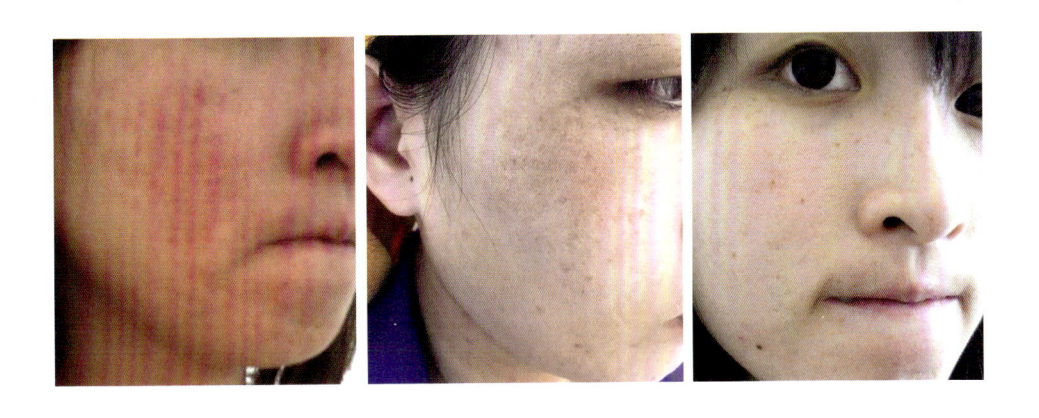

真的很感謝ELSA幫助我建立正確的保養觀念，現在的我要更努力，繼續為修復凹疤奮鬥，讓自己變得更好！大家一起加油！

特別收錄

一熱就臉紅，一紅就起疹子或膿皰

最難搞的酒糟肌
可能找上你了

平日觀察自己的各種臉部狀態，是否發燙發紅，起疹子或是膿皰，甚至一瞬間就發一堆，但是也很快在兩三天就消失不少，而基底老是泛紅，尤其是在悶熱潮濕的夏天，更別說是需要長時間配戴口罩的工作場合，一整天下來，臉出油發紅幾乎是必然的現象，到底酒糟肌膚該怎麼保養呢？

令人煩惱的發紅症狀
酒糟肌膚

Q45
為什麼我的臉動不動就發紅呢？

你很可能是酒糟肌膚

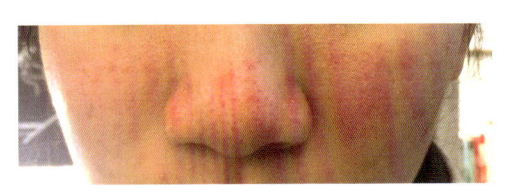

酒糟性肌膚跟喝酒是沒有關連的，反而是**因為熱、曝曬、情緒緊張，讓血管持續擴張，脹到滿臉通紅**，如果你照了鏡子發現自己「隨時都在臉紅」，尤其是臉頰上一大塊，或是「除了眼圈之外都泛紅」、「眼圈跟臉頰的色差很明顯有一條界線」，這代表**肌膚的真皮層持續發炎中，建議先找皮膚科醫師鑑定是否為酒糟性皮膚**。以下是比較常會發生的泛紅發燙狀況：

情緒緊張

陽光曝曬

通風不佳的場所

剛洗好澡時

剛塗抹完保養品時

通常剛起床時臉是最不紅的，很可能是因為睡了一夜情緒平靜，一開始日常活動，就開始越來越紅，尤其是夏天更是明顯。

關於酒糟性肌膚的保養方法
即時降溫

［即時降溫］是我比較常叮嚀酒糟者必須要自己注意的，因為臉一旦發燙發紅，接下來就可能開始起些小疹子甚至小膿頭了。

Q46 酒糟肌膚如何即時降溫？

可隨身攜帶小電風扇

這是一個不錯的辦法，但建議吹身上，當你身體降溫，臉上的泛紅也許就能跟著退掉一些些，如果直接吹臉，恐怕會引起臉跟眼睛的乾燥。

運動流汗之後最好洗臉

研究指出酒糟肌膚上的蠕形蟎蟲數量比一般人多，除了醫生開立的殺蟎蟲藥物之外，建議運動流汗之後最好洗臉，隨身攜帶一支溫和的胺基酸洗面乳，能夠即時洗把臉降溫、把過多的皮脂去除，是更好的！通常只要一洗完臉，就馬上看到膚色沒有紅得那麼劇烈了。

物理防曬是基本配備

請避免化學性防曬，改用純物理，可阻隔紫外線以及熱氣的入侵、降低出油，避免強光引起臉部發紅，這個步驟相當重要，就算沒有擦防曬隔離霜，也至少要撐傘或是戴個帽子幫助阻隔紫外線。

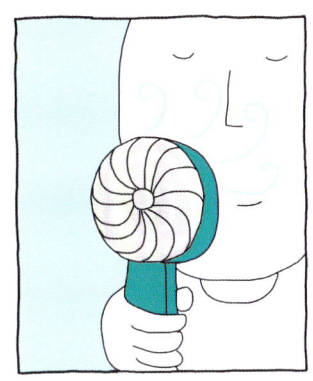

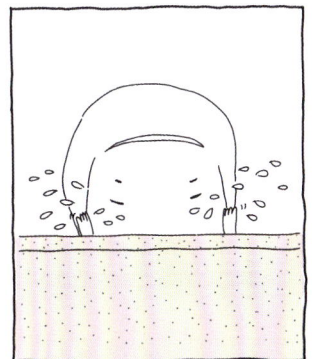

令人煩惱的發紅症狀
酒糟肌膚

暫停所有去角質或擦拭型卸妝法

磨擦會使皮脂膜受傷更加嚴重。卸妝乳、卸妝水、卸妝液、卸妝濕巾、或是刺激度過高又容易殘留的卸妝乳,都應該避免。

停止使用布狀面膜

布狀面膜品質若是不佳,可能會更刺激脆弱的肌膚,以涼感舒緩凍狀面膜來取代會比較理想,保濕同時降溫。

可搭配一些抗氧化精華液

長期反覆發炎,會讓肌膚的基底呈現不健康的狀態,堆積自由基,建議搭配一些抗氧化精華液,把地雷天天掃除,也可以減輕問題發生的頻率。

令人煩惱的發紅症狀
酒糟肌膚

酒糟肌膚

> 其他注意事項

盡量減少類固醇藥物使用，以免停藥之後反彈更嚴重
減少情緒激動
避免吃辛辣食物
使用殺蟎蟲的藥物最好跟保養品有所間隔以免藥物被抹掉
不要在天氣正熱的時間去爬山郊遊
使用防曬之後務必好好卸妝，用純度高的卸妝油會比其他的卸妝品更溫和有效

許多發照片給我做線上保養諮詢的人，有蠻高的比例有酒糟傾象，但是他們有的不知道什麼是酒糟，或者曾經看過皮膚科而沒有被醫生提起，此時我都會要求他們多看幾家診所請醫生幫忙判斷。

酒糟真的很辛苦，醫生可能也會跟你說酒糟很難根治，有些是先天的，有些則是因為後天像是果酸換膚過度引起的破壞，不論如何，多注意降溫並且適度保養，還是可以減輕發生時的嚴重程度。

特別收錄

會改善不會斷根，保養可以幫助越來越穩定

脂漏性肌膚
皮脂分泌：提供皮屑芽孢菌食物，導致發炎

除了頭皮之外，臉部好發區域就是鼻子兩側與眉心之間會出現皮屑、紅腫、厚痂皮，除了使用藥物之外，挑對適合的保養品，就不容易頻繁復發。

又油又乾又脫屑
脂漏性肌膚

有個朋友職業是一名烘焙師傅，近距離接觸烤箱的時間很長，不但臉上佈滿了油光，也需要長時間配戴口罩，他的臉出油，同時又兩頰乾燥、脫屑，鼻翼兩側紅通通的，他看了皮膚科，雖然擦了類固醇，但是還是一直反覆沒有斷根的感覺。

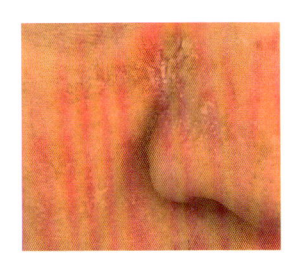

於是我建議了幾個保養要點，想不到一個禮拜的時間就已經完全好轉，持續保養之下，到現在已經超過一年了，都還沒有復發過。這些年也不乏這類症狀的朋友來詢問，幾乎都是只要透過良好的保養方法就能維持不錯的狀態，勝過問題發作時才依靠藥物。

Q47

什麼是脂漏性皮膚炎呢？

油、乾、脫屑又發紅，可能就是脂漏性皮膚炎。

有的人非常容易脫皮，也許不只是乾燥，還同時伴著出油。頭皮油膩、眉心脫屑，鼻翼兩側泛紅。「脂漏性皮膚炎」，顧名思義好發在「脂漏」區域，比如頭皮、眉心、嘴週、鼻翼兩側、耳前，甚至胸前及陰部的地方都會反覆發紅及脫屑。好發於中年階段的人，年齡在25歲到45歲之間，甚至到50幾歲也會發生。另一種狀況則是嬰兒時期，剛出生後皮膚較不穩定，就會出現所謂的「小兒脂漏性皮膚炎」。

201

又油又乾又脫屑
脂漏性肌膚

Q48 脂漏性肌膚如何保養呢？

選用一支好的洗面乳

　　脂漏性皮膚炎好發的區域就是臉上皮脂分泌旺盛的區域，也就是T字部位。所以清潔當然是最基本的保養之道，只要臉出油且有悶感，就需要使用胺基酸洗面乳來溫和洗淨。為什麼不採用去脂能力更強的肥皂或含皂洗面乳，而是特別選用純胺基酸呢？雖然肌膚的油光很多，但是過度去除，更容易讓已經在掉皮屑的皮膚失去保護膜，這樣不但無法讓肌膚好好休息，更容易乾燥破損讓問題加重。因為脂漏性的狀況就是「既乾燥，又出油」，最好的清潔方法，就是養成良好的衛生習慣，移除油光，但不傷害皮脂膜。

皮脂膜修補是必須

　　既然肌膚已經有所損傷脫屑，我們就得積極重建皮膚的保護膜，可以多利用含有燕麥成分的精華液，搭配能夠補足角質細胞間隙的神經醯胺乳液，早晚各塗抹一次，很快地就可以得到舒緩跟修護。

菌種平衡也很重要

　　脂漏性皮膚其實是臉上或頭皮上的皮屑芽孢菌在作怪，這類細菌專門喜歡吃你的皮脂，然後引起肌膚的脫屑現象，所以我們得營造一個不油膩且夠保濕的環境之外，還得參照我們先前提過的「菌種平衡」的概念，給好菌吃食物，而不是都只用過多的皮脂來餵養壞菌吃食物，所以我讓我的朋友也擦了專門培養好菌的保養精華，整體來說在一週內就看見了明顯的退紅舒緩，也不會繼續在鼻子兩側跟眉心之間掉渣了。

頭皮跟頭髮太油，也會讓臉上接觸到頭髮的區域長更多痘痘

　　臉上有脂漏性皮膚炎症狀的人，有時候會發現頭皮也有類似發紅脫屑狀況，因為頭皮算是我們全身上下最容易出油的地方，額頭鼻子（T字部位）就是同一塊皮膚的延伸，皮脂分泌也相當旺盛。頭皮的清潔是許多來做保養諮詢的人不太重視的一個環節，大家都說：「我先把我的臉搞定再說！」但頭皮的油膩感太明顯，容易給人不衛生的感覺，如果發現別人跟你說話不自覺退後幾步，那就表示你整個人黏膩、頭髮扁塌、臉上的汗水跟油光滿滿，多少都會影響到人際相處。**頭皮清潔時，還是建議不要使用含矽靈的洗髮精，護髮乳也不要擦到頭皮，另外，天天洗頭也是必須的，洗頭最好是洗兩次**，如果洗完頭吹乾之後，頭髮的髮根還是很扁塌，表示你的洗髮精並沒有很優秀的清潔效果，建議直接換掉。

「不爆粉刺的保養」練習：

- 把錯誤的保養觀念都歸零，好好看完這本書
- 預約個人的保養諮詢，了解每個階段該做的事
- 每個禮拜拍照做記錄了解肌膚的改變
- 告訴你周遭的親友不要再施加壓力，痘痘好轉沒有速成法

一個月練習簿：
鐵粉都在執行的「不長痘的新生活」實驗

- 練習一個月不要去傳統早餐店，改用好油來做菜
- 練習一個月不要靠近茶飲店，改喝水就好
- 練習一個月不要去麵包烘焙店，提高蛋白質攝取的比例
- 練習在家裡看影片跟著運動流流汗，提高代謝

Q49

如何對抗口罩痘？

天天戴口罩，悶出了口罩痘，「口罩戴整天，下巴都爛了」
「鼻樑長了一顆大痘」「口罩拿下的瞬間看見臉都是油」
悶熱潮濕=痘痘細菌最喜歡的地方，找適當的時機把口罩脫下來讓臉透透氣，
把油光清潔一下，最好是可以用洗面乳洗臉，把臉上的壞菌洗掉，
幫助肌膚降溫退紅，接著可以抹上培養好菌的保養品，
等吸收後再重新戴上口罩。
化妝的人記得定妝粉要確實壓緊，以免太快出油脫妝。

Q50
有肌膚困擾的你，還可以怎麼做？

肌膚保養是一門不容易的學問，身為消費者，更是很難辨認同樣成分的保養品怎麼會有不同的功效？到底我該怎麼挑選？該怎麼安排順序？如果你也有這樣的困擾，歡迎來做保養諮詢。

真的 現在的我比較有自信了
也沒人在嫌我的皮膚

> 你現在的皮膚狀態，應該比很多人都好

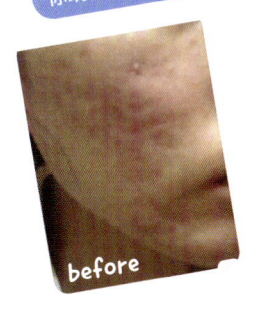

before

| 相片
比對之前的照片 真的差好多!
差好多
哈哈哈哈
現在皮膚狀況穩定
剩凹疤

我覺得很感動
姊姊真的是救世主XD

> 哈哈，我能幫助你們我真的也很開心
> 因為我自己以前滿臉爛痘

| 有點感動耶
真的 自己每天照鏡子都沒發現，照片這樣比對下來覺得差好多
哈哈哈
不敢醫美 做臉 怕臉又爛掉

諮詢之前
先來做這份
問券吧！

立刻掃描

讓ELSA更了解你的
日常保養習慣。

學習照顧自己的臉
**歡迎預約
現場保養諮詢**

拍下你的肌膚照片
**立刻線上
保養諮詢**

關於保養
ELSA說給你聽
聽保養

205

這本書獻給：

青春期，長第一顆痘痘就該看這本書，
學校沒有教，但你要自己懂。
父母更要看！避免誤導而繞遠路。
長大更要看，尤其是臉比青春期更慘的大人們。
好像好了，但動不動就再度爆痘爆粉刺的人。
不斷在吃藥擦藥，打針打雷射卻仍然好不了的你。

他們，都是先放棄做臉亂擠，重新學習善待自己，
才開始邁上真正的好轉之路。

相信你會看見最好的改變！

兒茶素淨荳卸妝油
300ml
卸妝最好的選擇
溶妝快｜易乳化｜易沖洗

姓名：

電話：

使用日期：

折抵 $50
僅限於購買卸妝油
僅可使用一次

純胺基酸洗面乳 60g
粉刺專用款｜毛孔淨化款｜玫瑰保濕款｜控油款｜100%無皂｜弱酸性｜高濃縮

姓名：

電話：

使用日期：

折抵 $50
僅限於胺基酸洗面乳
僅可使用一次

安撫水
250ml
Calamine｜維他命B6
安撫肌膚｜收斂狀況
濕敷專用

姓名：

電話：

使用日期：

折抵 $50
僅限於購買安撫水
僅可使用一次

多分子玻尿酸保濕精華
100ml
真正的保濕｜深層補水｜增加肌膚含水量

姓名：

電話：

使用日期：

折抵 $50
僅限於玻尿酸精華
僅可使用一次

神經醯胺輕潤保濕精華乳 50ml
Ceramide五種神經醯胺添加補足角質間隙｜強化鎖水與障壁功能

姓名：

電話：

使用日期：

折抵 $50
僅限於神經醯胺精華
僅可使用一次

全方位防曬隔離霜
60g
一般膚色｜透亮膚色｜痘疤泛紅修飾色｜純物理性｜隔絕紫外線｜避免髒空氣影響肌膚

姓名：

電話：

使用日期：

折抵 $50
僅限於防曬隔離霜
僅可使用一次

使用方法請見

我也不想一直長痘痘
長第一顆痘就該看的保養書

作者	ELSA
封面與內頁設計	Chawn
封面與內頁插畫繪製	Chawn
印務	黃禮賢、李孟儒

出版總監	黃文慧
副總編	梁淑玲、林麗文
主編	蕭歆儀、黃佳燕、賴秉薇
行銷總監	祝子慧
行銷企劃	林彥伶、朱妍靜

社長	郭重興
發行人兼出版總監	曾大福

出版	幸福文化出版社／遠足文化事業股份有限公司
地址	231 新北市新店區民權路 108-1 號 8 樓
粉絲團	https://www.facebook.com/Happyhappybooks/
電話	(02)2218-1417
傳真	(02)2218-8057

發行	遠足文化事業股份有限公司
地址	231 新北市新店區民權路 108-2 號 9 樓
電話	(02)2218-1417
傳真	(02)2218-1142
電郵	service@bookrep.com.tw

郵撥帳號	19504465
客服電話	0800-221-029
網址	www.bookrep.com.tw
法律顧問	華洋法律事務所 蘇文生律師

印製	凱林彩印股份有限公司
地址	114 台北市內湖區安康路 106 巷 59 號 1 樓
電話	(02)2796-3576

初版一刷 西元 2020 年 9 月
Printed in Taiwan 著作權所有 侵犯必究

我也不想一直長痘痘：長第一顆痘就該看的保養書 /
ELSA 任嬿雯 著 .-- 初版 .-- 新北市：幸福文化出版：遠足文化發行，2020.09
　面；　公分
ISBN 978-986-5536-15-2（平裝）
1. 皮膚美容學 2. 痤瘡
425.3　109012542

特別聲明：有關本書中的言論內容，不代表本公司／出版集團的立場及意見，由作者自行承擔文責。